儿子，
你要学会
强大自己

插图版

晓　丹◎著

天津出版传媒集团

天津科学技术出版社

图书在版编目（CIP）数据

儿子，你要学会强大自己：插图版 / 晓丹著. --

天津：天津科学技术出版社，2022.1
　ISBN 978-7-5576-9737-2

　Ⅰ.①儿… Ⅱ.①晓… Ⅲ.①成功心理 – 通俗读物
Ⅳ.①B848.4-49

中国版本图书馆CIP数据核字(2021)第214265号

儿子，你要学会强大自己
ER ZI NI YAO XUE HUI QIANG DA ZI JH
责任编辑：吴文博
助理编辑：王　彤
责任印制：兰　毅
出版：　天津出版传媒集团
　　　　天津科学技术出版社
地　　址：天津市西康路35号
邮　　编：300051
电　　话：（022）23332377
网　　址：www.tjkjcbs.com.cn
发　　行：新华书店经销
印　　刷：北京楠萍印刷有限公司

开本 880*1230 1/32 印张 6.5 字数 130 000
2022年1月第1版第1次印刷
定价：39.80元

强大自己，才是唯一的出路

有个男孩凑巧看到树上有一只茧在蠕动，好像有蛾要破茧而出，于是他饶有兴趣地准备见识一下由蛹变蛾的过程。但随着时间一点点过去，男孩变得不耐烦了，只见蛾在茧里奋力挣扎，却一直不能挣脱茧的束缚，似乎是再也不可能破茧而出了。男孩没有耐心等下去了，就用一把小剪刀，把茧上的丝剪了一个小洞，让蛾摆脱束缚。果然，不一会儿，蛾就从茧里轻松地爬了出来，但是它的身体非常臃肿，翅膀也异常萎缩，耷拉在两边伸展不起来。

男孩等着蛾飞起来，但那只蛾只是跌跌撞撞地爬着，怎么也飞不起来，又过了一会儿，它就死了。其实，飞蛾在由蛹变茧时，翅膀萎缩，十分柔软；在破茧而出时，必须要经过一番痛苦的挣扎，身体中的体液才能流到翅膀，翅膀才能坚韧有力，才能让它在空中飞翔。

男孩的成长犹如破茧成蝶，需要自己去克服、战胜成长道路上的荆棘坎坷，最终才能破茧而出，健康成长。男孩在父母和长辈眼中还是孩子，但在男孩的眼中，已经是男子汉的预备役，是一个年轻的小男子汉了。

懂事的男孩才有出息，心理成熟之前的男孩要懂得哪些呢？

第一，拥有自己的梦想并为之努力。

梦想和信念就像茫茫黑夜中的北斗星，指引着行动的方向。目标明确之后，才能竭尽全力去实现它。没有目标或是目标模糊

1

的人，很可能就庸庸碌碌地度过一生。立志要趁早，早立志的人早做准备、早行动，也能比别人早收获。

第二，具有强烈的责任心是一个人最重要的品质。

有责任感的男孩是最优秀的，只有勇于承担责任，才有资格拥有更多的荣誉。一个没有责任心的人，将很难在社会上获得立足之地。

第三，为人处世从懂得感恩开始。

从小就在自己的心里播下爱心和孝心的种子，学会关心、同情别人，懂得感恩，培养正直的性格，这些都是让自己终身受益的做人品质。

第四，学会独立很重要。

要想将来有出息，就要挣脱父母的双手，不能任何事情都依赖父母，学会做自己生活的主人，有自己的思想，学会自理自立、自主选择、独立思考。独立成长，让自己从小学会独立生活的本领，这才是最重要的。

第五，懂得如何与他人相处。

对于男孩来说，良好的人际交往能力，将是未来立足于社会的重要保障。从小培养与人相处的能力，懂得团队合作的重要性，主动与人沟通交流，待人和善，心胸开阔，不要做一个孤僻、斤斤计较、自我为中心的人。

第六，养成良好的习惯并注重细节。

男孩正处于长身体、学知识的阶段，不良的生活和学习习惯不仅会影响自己的学习成绩，还会影响自己的身心健康。从小养成良好的生活、学习习惯，注重细节，会让自己受益一生。

对所有男孩来说，成长是自己的事情，任何人都无法代替。

目 录

第六章 / **如何培养男孩的思考力**

第七章 / **如何培养男孩的自律力**

第一章

如何培养男孩的自信力

学会喜欢自己，是自信的开始

在城市一个偏僻的角落，人们总能看到一个跛脚的小男孩。小男孩很小的时候，患了小儿麻痹症，由于没有得到及时治疗，便落下了终生跛脚的毛病。对此，他的父母非常痛心，一直活在自责中。并且，小男孩自己也曾经因为自身的残疾自卑，终日把自己锁在房间里，郁郁寡欢，人生对于他而言，是一片渺茫，看不到一点儿曙光。

直到有一天，小男孩在父母的鼓励下走出家门，来到了公园。公园里有人正在表演，滑稽的动作让小男孩的嘴角微微一动，但他却将即将展现的笑容收回去了。就在小男孩想要逃离人群的时候，一声"好"传到了他的耳朵。他转头看去，一个只有一只胳膊的老人带着灿烂的笑容，单手拍打着胸脯，嘴里还在不停地叫好。

小男孩很是好奇："他只有一只胳膊，居然还能如此开怀大笑。"好奇心让小男孩走向了老人："老爷爷，您都失去了一只胳膊，您不觉得人生很残酷吗？您这样有好多事情都做不了了，为何您还能如此开心？"

老人笑了笑，看了看跛脚的男孩，笑着说："孩子，虽然我没有了一只胳膊，但我单手依然能做很多事情，就算健全之人难以做到的事情，我也有信心做成。我喜欢我自己，更喜欢单手的我，因为这样，我获得了更多的成就。"

老人的一番话让小男孩陷入沉思："是啊，人生的路还很长，我怎么能这样消沉下去，什么事情都不做呢？"

从那以后，小男孩终于找到了属于自己的自信。他勇敢地走出了家门，走进了学校，走入了社会。最后，小男孩用自己的跛脚走遍了世界各个国家，成为卓有成就的外交官。他就是著名外交官西伯尔，他用自信谱写了属于自己的"跛脚人生"。

男孩应该懂得的道理

"梅须逊雪三分白，雪却输梅一段香"，每个人都有自身的优缺点。不要因为自身的不足看低自己，也不要因为自身的缺点"厌恶"自己，甚至放弃自己。人生就像一张白纸，要涂写什么，全由我们自己决定。如果你选择了接受自己，欣赏自己，寻找自身的优点，那么，你就将拥有五彩的画笔，画出独特的人生画卷，谱写出人生美丽的篇章。但是，如果你选择放弃自己，那么，你未来的人生除了黑色，就是白色，永远都看不到彩色的人生。

心智成长金钥匙

自卑犹如缓缓流淌的小河，它能够冲走岁月的花朵，却不能撑起人生的巨木。自卑的人，在困难面前只会选择退缩；在责任面前只会选择逃避；在希望面前，也只会选择失望；在手中的幸福面前，更是表现出不满和怨恨。这样的人，永远不能撑起人生的风帆，更不能驶向更远更美的地方。

要知道，自卑是人生前进的绊脚石，唯有学会喜欢自己，搬走这块绊脚石，找回自信，才能扬帆起航，才能与航行中的风浪搏击，才能走到美丽的港湾。因此，我们要时常寻找自身的优点，时刻谨记"天生我材必有用"，每个人在社会中都有自己的责任。唯有认识到自己的优点，充分地发挥自己的才能，才能担起责任，才能有勇气大步向前。

自信人生三百年，会当击水三千里。一个人唯有学会喜欢自己，找到自信，才能破釜沉舟，才能乘风破浪，才能在漫长的人生中取得卓越的成就，才能在芸芸众生中脱颖而出。

当面对失败的时候，我们不妨静下心来，认真地思考和总结失败的原因。不要把全部的心思放在"失败"的字眼上，更不能让一次的失败打击你的自信。作为社会上的男孩，我们要做的就是坚强，就是永远的自信，"在哪里跌倒，就要在哪里站起来"。总而言之，唯有真正做到喜欢自己，才能找到丢失的自信，才能昂首挺胸面对人生的挫折，才能不断地积累自信，让自信为人生保驾护航。

目标要明确，信念要坚定

一位云游四方的哲学家，有一天来到一个建筑工地，看到有3个人正在砌一堵墙。于是，他走上前去，非常认真地问这3个工人："你们在干什么呀？"其中一个人，头也不抬，很不耐烦地回答道："难道你自己看不到吗？我们正在砌砖。"说完，埋头继续干活儿。第二个人想了一想，说："噢，尊敬的先生，我们正在砌一堵墙。"第三个人停下手中的活儿，若有所思地抬头望向这座城市的最繁华处，过了一会儿，他神采飞扬地回答道："我们正在建造这个城市最美丽的教堂！"

听完这3个人的回答，哲学家很快对他们的前程有了自己的判断。第一名工人目光短浅，只看到眼前要达成的具体目标，日后顶多也就能成为一名优秀的小工；第二名工人就好了许多，他至少看到砌砖是为了完成砌墙这个工程，他以后通过努力或许可以成为一名优秀的建筑工程师；而只有第三名工人，才会有大出息。他拥有伟大的目标，不局限于眼下的具体任务，他心中拥有的是一座伟大的殿堂！

男孩应该懂得的道理

"伟大的目标是性格中最必要的力量源泉之一，也是成功的利器之一。没有它，天才也会在矛盾无定的迷径中，徒劳无功。"目光短浅的人，心中只装得下眼前利益，难免被眼前利益羁绊，也就难以成就一番大事业。相反，若是一个人能够将目光放长远，为自己树立伟大的目标，那么，他的人生将一定会获得更多。俗话说，"成大事者，不拘小节"。要想有所得，就要有所舍。既然选择了伟大目标，就不要再过于在意一时的得失。要知道，培养树立伟大目标的习惯，是为了积累强大的心智资源，从而不断完善性格。

心智成长金钥匙

亚里士多德曾经将人分为两种：一种人"活着就是为了吃饭"；另一种人"吃饭是为了活着"。由此可见，一个人能够达到的人生境界，是由其为自己定制的目标决定的。

性格形成期是人一生中最重要的阶段之一，处于这个时期的孩子更要树立远大目标。这样才能在不知不觉中，不断完善自己的性格，为以后的成就奠定基础。伟大的目标能够为你提供源源不断的动力。正如歌德曾经说过的那样，"就最高目标本身来说，即使没有达到，也比那完全达到了的较低的目标，要更有价值"。

每个人在人生中都会为自己树立特定的目标，而最终决定一个人的境界高低的，便是这个目标的大小。华兹·华斯说过，"执着于高尚的目标，就是正在从事高尚的事业"。他旨在告诉世人，伟大的目标往往能让人勇往直前，而渺小的目标往往让人裹足不前。

因此，无论我们是懵懂无知的少年，还是踏入社会的青年，我们都要谨记，养成"树立伟大目标"的良好习惯，是伟大人生的一门必修课。

自卑是成长的绊脚石，解开自卑的绳索

著名文学家阿西里曾经发表过这样一篇文章——《我曾自卑》，其中讲述了发生在他自己身上的故事。

那时候的阿西里只有13岁。有一段时间，他变得少言寡语，做任何事情都提不起兴趣。细心的父亲很快就发现了阿西里的变化。夜幕降临，月亮渐渐爬上树梢之后，父亲便走到阿西里的房间问他："儿子，你最近是怎么了？是不是遇到了什么不开心的事情？可以和爸爸说说吗？"

此时，阿西里深深地叹了口气，脸上的愁容更是彰显了一个成年人才拥有的烦恼："爸爸，我感觉自己好没用，什么都做不好，就连最基本的英语单词都说不好。"事情是这样的：

阿西里原本是一个非常活泼的孩子。生活中，他总能带给父母和朋友欢声笑语；课堂上，他也总是很积极地配合老师讲课，深得老师的喜爱。唯一不好的是，阿西里天生舌头有点儿短，再加上从小和奶奶在乡下一起生活，将英语单词读标准对他来说很难，将每一句话讲清楚更是难上加难。

　　就在不久前，阿西里班上转来了一个非常调皮的孩子，他总是取笑班里的学生，阿西里便是他取笑的对象之一。有一天，老师让阿西里将自己写的模范作文在班上读一下。阿西里像往常一样，很自信地站起来，"动情"地朗读自己的作文。就在阿西里读完三分之一左右的时候，那个调皮的孩子便站起来大喊道："行啦，不要再读了，我受不了了，我从小到大从来没有听过这么不标准的英语！"说着，便跑了出去。

　　此时的阿西里受到了很大的打击。他自己也知道，自己从小说话就不清楚，上学后虽然学习了基本的发音，但仍然没有达到标准。很多人顾及阿西里的自尊，从来没有提起过这件事情。这时候，被奚落的阿西里慢慢地坐下，委屈的眼泪在眼中打转："我真的是很没用，现在已经13岁了，居然连基本的英语都没有说好。和那些口齿伶俐的孩子相比，自己真的是很差。"就这样，阿西里在自责和自卑中失去了往日的活力，纵然是老师让他站起来回答问题，他也闷不作声。

　　知道了阿西里不开心的原因，看着眼前有些自卑的阿西里，父亲意味深长地说："阿西里，你要相信自己，你是最棒的，你跟爸爸出来。"说着，父亲便带着阿西里来到院子里，指着院子里的几棵树说："阿西里，你知道为什么那棵瘦小的杨树从来不抱怨那棵高大的树吗？你知道为什么面对大树的高大，小树从来不感到自卑吗？"

顺着父亲的话，阿西里脱口而出："因为他们不懂得比较，他们只关注自己。"

父亲笑了："对呀，阿西里，你现在不正是面临这样的问题吗？你为什么自卑，不就是因为你太在意他人的评价，还有和别人比较吗？"听了父亲的话，阿西里恍然大悟，眼睛顿时亮了。

从那以后，阿西里再也没有因为自己的缺点自卑过，而是不断地完善自己，锻炼自己。终于，10年后的阿西里克服了语言上的障碍，完全能够将每一个单词的音咬准。后来，他开始钻研文学，并发表了很多文章，其中就包括《我曾自卑》。

男孩应该懂得的道理

成长的道路上需要活力，成长的道路上需要勇气，成长的道路上更需要自信。人们常说"自信的女人是最美丽的"，同样，"自信的男人也是最成功的"。自信是大海中的帆船，能够带领我们飘过汪洋大海；自信也是大海中的灯塔，能够为我们的航行指明方向。面对失败，面对困难，面对人生的诸多不如意，唯有自信才能帮助我们成长，唯有自信才能让我们披荆斩棘，达到人生的巅峰，遥望更加美丽的风景。自卑永远都是成长路上的障碍物，是人生路上的绊脚石，唯有摒弃自卑，自信生活，才能铸就成功，才能拥有美丽。

心智成长金钥匙

法国著名思想家卢梭曾经说过："自信心对事业而言是一个奇迹。有了它，你的才能就可以取之不尽，用之不竭。一个没有自信的人，即使才能再强，也抓不住身边的机会。"的确，无论在任何时候，自信都是战胜困难最好的法宝。有了自信，你将能直面人生的挫折，将能够在未来的人生道路上走得更加坦然，更加成功。对此，萧伯纳也曾经说过："有自信的人，可以化渺小为伟大，化平庸为神奇。"

然而，很多人都失去了自信，或许是因为一次小小的挫折，也或许是因为他人不经意间的一次打击，由此，自卑便成为很多人心中不倒的旗帜，面对困难也总是用"我不行"来敷衍。殊不

除了要克服来自生活的阻力，还要能够容忍别人偶尔不友好的态度。

知，自卑是成长的绊脚石，长期怀揣自卑之心，将很难在复杂的社会中立足，更不用说取得杰出的成就了。

男孩们要想成就非凡的人生，要想获得最后的胜利，就要抛弃自卑的心理，不要让自卑成为前进的阻碍。在面对困难时，告诉自己"我能行，我一定能成功"；在面对责任时，告诉自己"我是男人，我要勇于承担责任"；在面对他人的讥讽时，告诉自己"我就是我，无人代替，我也有自己的优点"……当然，在每次告诉自己这些话的时候，一定要发自内心，并下定决心一定要将每一件事情做好。

相信自己是有价值的，你才会变得无价

亚伯拉罕·林肯是美国历史上最伟大的总统之一。他曾经在当选总统的时候，用自信赢得了众参议员的掌声，捍卫了父亲的尊严。虽然自己是鞋匠的儿子，但林肯从来没有因此感到自卑过，更没有因此认为自己毫无价值。

众所周知，林肯上任之时，美国众多参议员全是上流社会的人，面对眼前高高在上的出身卑微之人，他们难免会感到心中不爽。当林肯走上参议院的讲台进行演说时，就已经有部分参议员表示出傲慢的态度。他们毫不留情地说："林肯先生，您作为美国总统进行演说我没有意见，但是在您演说之前，我希望您能

够铭记，您只是一个鞋匠的儿子，而且永远摆脱不了这样的命运。"话音刚落，便引来了全场哄笑，所有参议员都将矛头指向了林肯。

面对多名参议员的"刁难"，林肯没有生气，他心平气和地、不卑不亢地说："非常感谢大家能在这时想起我已经去世的父亲，我会像大家说的那样，永远记住我是鞋匠的儿子。同时我也很清楚，虽然身为总统，但我永远不能像我父亲那样优秀，虽然他只是一名鞋匠。"

林肯的一番话让全场的参议员哑口无言，会场顿时鸦雀无声。此时，林肯才转过头对刚才那些傲慢的参议员说："我想我父亲也曾经为您和您的家人做过鞋子，如果有需要修理或者改进的地方，我可以帮您。虽然我不是出众的鞋匠，但是，父亲的手艺我也是学了很多。"之后，林肯还深情地说："在座的各位都是一样，如果你们的鞋子需要修理或者改进，我都会尽力帮忙。但是，我想说的是，我永远不能像我的父亲那样伟大，因为他的手艺天下无敌。"林肯话音一落，全场便爆发出雷鸣般的掌声。自此以后，再也没有人拿林肯父亲是鞋匠来嘲笑林肯，也没有人再小看这位"鞋匠的儿子"。

男孩应该懂得的道理

一个人的价值不是由任何人决定的，在别人眼中你或许是一个没有任何才干的人，也或许是一块"朽木"。但是，我们千万不要低估自己，更不要因为他人负面的评价而否定自己。要知道，"天生我材必有用"，即使你能力不足，即使你在某些领域没有多大成就，即使你这一刻不能拥有卓越的成就，但是，你却不是"无能的"，你依然有无人代替的价值。这种价值潜力无穷，只要你始终认为自己是有价值的，那你就会成为无价的。

心智成长金钥匙

机会如同雨后的彩虹，如同夜晚的昙花，稍纵即逝。如果你这一秒没有抓住，没有选择将片刻的美丽定格为永恒，那就永远失去了这次机会。一个人要想实现自己的人生价值，要靠自身的能力，更要靠每一次难得的机会。只有抓住了机会，只有充分利用了机会，才能成为芸芸众生中耀眼的明星。而要想更好地抓住机会，要想完全地让机会为己所用，靠的是自信。

自信是在遇到困难时的不退缩，自信是承担责任时的不推卸，自信更是时时刻刻相信自己的价值。他人的评价永远不能成为衡量你价值的标准。只要"我相信""我能"，就能够在今后的人生中真正实现自我价值；只要自信的源泉永不干涸，价值的潜力便会永无休止。

就像司马光说的："吾无过人者，但生平行为，无不可对人言耳。"或许我们没有过人之处，或许我们不能创造伟大的价值，但是，我们不能没有自信。纵然我们只是沙漠中的一颗沙粒，纵然我们只是万人中的一员，只要有自信，我们同样也能在"平凡的世界"中创造出"不平凡"的价值。

自信≠自负，自负是愚者才有的行为

清晨的空气总能让人神清气爽，忘记所有的烦恼，尽情享受迷人的世界。在哈佛大学的课堂上，巴特勒正在神采飞扬地为学生们讲述着小泽征尔的故事：

小泽征尔是世界上非常著名的交响乐指挥家，他曾经用自信谱写了美丽的乐谱篇章。那是在一次世界级的选拔指挥家大赛中，小泽征尔和很多选手一样，等候着主持人的点名相继上台。在前面很多选手陆续表演完后，小泽征尔也站在了世界级的舞台上。自信的小泽征尔按照评委给自己的乐谱指挥演奏。可就在指挥的过程中，小泽征尔敏锐地发现了其中一个非常不和谐的音调。

讲到这里，巴特勒停了下来："大家知道之后发生了什么事情吗？这个不和谐的音调究竟是怎么回事？"这时候，台下很多学生都开始议论，有人说："肯定是小泽征尔的演奏出现了错误。"还有人说："我听父亲说过小泽征尔，他是不可能出错的，应该是有其他原因吧……"

听着学员们的议论，巴特勒非常兴奋地说："是的，小泽征尔起初也以为是自己看错了乐谱。对此，他还重新演奏了一次，但仍然发现了那个不和谐的音调。这时候，小泽征尔才理性地坚决认为，是乐谱出现了错误。但当时的评委一致说是小泽征尔演奏有问题。在这样的情况下，很多人可能就会妥协，但小泽征尔没有，他很自信地说，自己的指挥不可能出错。就是因为小泽征尔的这种自信，得到了评委的认可，获得了最后的冠军。

听到这里，很多学生开始好奇，"出错了怎么还能获得冠军呢？"对于这个问题，巴特勒只是用了"圈套"两个字回答。他对学生们说："小泽征尔是自信的，他理性地分析了一切，最后才免于'陷阱'，获得胜利。但是，今天，我要告诉大家的不只是要自信，更重要的是要有自知之明，不要让过分的自信蒙蔽双眼，高估自己。否则，助人成功的自信就会成为害人的自负。"

这是巴特勒为学生们上的最有意义的一堂课，凡是听过巴特勒讲过这堂课的学员，在今后的人生道路上，从来都没有盲目地自信。用巴特勒自己的话说就是："自信能够让人走向成功，获得成就。但过分的自信会演变成自负，与成功背道而驰。"

男孩应该懂得的道理

自负主要表现为唯我独尊，狂妄自大，往往表现在一个人的语言和行动上。比如在做某件事情的时候，从不听取别人的意见，对于他人提出的建议，总是断然否决。自负之人在重大事情面前，永远不能获得成功，更不可能在以团队为核心的当今社会站稳脚跟。因此，我们要谨记，自信是前进的动力，过分的自信，也就是自负，则会成为通往成功的障碍物。一味地沉浸在自负中，将无法认清自己，也无法做到"自知"，也更谈不上明智。

心智成长金钥匙

自信是一种发自内心的感觉，也是一种信念，有了自信，便能战胜困难，勇往直前；自负是自信的"放大体"，是一种腐蚀剂，沾染了自负，便看不清事情的"真相"，自然就很难成功地完成一件事情。

近代著名的学者梁启超也曾经说：自信与骄傲有异；自信者常沉着，而骄傲者常浮躁。沉着之人能够认清世事，获得胜利；浮躁者则连自己都认不清，更不要说是实现人生的目标了。

其实，每个人的身上都有优缺点，能够发现自身的优点，并充分利用，是自信的表现；然而，被优点冲昏头脑，看不到自身的缺点，自以为是，从来没有想过"取人之长，补己之短"的行

若想建立信心，即应像洒扫街道一般，首先应将相当于街道上最阴湿黑暗之角落的自卑感清除干净，然后再种植信心，并加以巩固。

为，则是自负的表现。也就是说，过分的自信便是自负，自信能让我们在困难面前永不低头；自负则会让我们功亏一篑。

项羽是秦末时期重要的领军人物，他的身上，有秦始皇"普天之下，莫非王土；率土之滨，莫非王臣"的英雄气概。也正因为这样，项羽自称西楚霸王，一心想要坐定江山。却不想，由于自己的过分自信，看不清对方的强势——刘邦的力量，最后落得个自刎乌江的下场。

纵观古今中外，很多失败者之所以失败，不是因为不自信，而是因为过于自信。殊不知，自信是一个循序渐进的过程，过于自信往往只会带来惨重的后果。

由此可见，我们要想成为真正的自信者，要想乘着自信的帆船走到成功的彼岸，就要像自信者一样地做事做人。

理想有多远，你就能走多远

周恩来从小就有远大的志向。他12岁那年，离开家乡，远赴东北求学。有一天，他和大伯走在大街上，大伯指着一处繁华热闹的地方说："孩子啊，你没事可不要去那边玩耍，不然惹出事情来可不好办！"周恩来非常不解，就问："为什么不能去啊？"大伯回答道："因为那里是外国人的租借地，是他们的地盘，过去会被人欺负的！"周恩来听完后非常不解地说："大伯，那里明明是中国的土地嘛，为什么外国人可以在这里耀武扬威，我们反而偏偏连去都不能去？"大伯叹了一口气说："唉，中华不振啊！"这句话深深触动了周恩来幼小的心灵。

一次，在学校的修身课上，老师向学生们提问道："诸生为何读书？"同学们都踊跃回答，有的说："为做官而读书。"也有的说："为光耀门楣而读书。"还有的说："为黄金屋、颜如玉而读书。"只有周恩来坐在角落里，一言不发。老师注意到周恩来，打了个手势让大家安静下来，点名让他回答。周恩来站了起来，清晰而坚定地回答："为中华之崛起而读书！"老师被周恩来的回答震惊，一个十二三岁的孩子，居然有着如此远大的理想。他郑重地对全班同学说："好啊，好一个为中华之崛起而读书！有志者当效周生啊！"

周恩来在少年时代，目睹了中国被外国列强欺凌的残酷事实，于是树立了振兴中华的伟大理想。他知道，读书要以此为目标。正是因为有着伟大理想的支撑，周恩来才最终成就了前无古人的伟业，为中国的革命事业做出了不可磨灭的贡献。

男孩应该懂得的道理

"理想失去了，青春之花也便凋零了，因为理想是青春的光和热。"人生恰似一场长途旅行，理想便是旅途的终点。路途艰辛，风雨阻挠，很多人心志不坚，半途而废。然而，若是有了理想这盏明灯的指引，便一定会重新燃起继续前进的勇气。有位哲人说过："宁愿因为做过而后悔，也不要因为错过而后悔。"树立了理想，并坚定信念，不畏艰险，便一定能达到成功的彼岸。

心智成长金钥匙

理想是成就卓越的必要条件。树立远大的理想，它将是你一生的追求，并为你提供源源不断的精神动力。在你疲倦懈怠时，催促你前进；在你痛苦绝望时，抚平你的创伤，让你找回奋斗的方向。一位先哲曾经说过，理想就是天上的北斗星，是每个人心中的指南针。它会让你远离人云亦云的平庸，激励你为了伟大的目标不懈奋斗。

机遇永远都只垂青那些时刻做好准备的人。如果你拥有理想，并不断奋斗、拼搏，当机遇来临时，你就是那个准备好了的人。心理学家经过长期研究，得出一个结论：理想的实现可以分为五大步骤。下面为大家分别解析。

做好自我分析

所谓自我分析，就是要从内到外对自己的优势和劣势进行全面、细致的剖析。只有全面认识自己，才有可能为自己的发展制定切实可行的方案。我们可以首先对自身的优势和劣势进行全面的总结，然后综合外在形势分析自己所面临的机遇，以及可能遇到的威胁，最终以此为依据安排自己的行动。

建立使命感

所谓使命感，就是一个人对其人生使命的认知。使命感是人的内在的永恒动力。马克思曾经说过，使命是不以人的意志为转移的客观存在。既然不可摆脱，若能够及时建立使命感，明确自己的人生目标，将会充满内在的激情与动力。

明确自己的价值观

价值观，是指一个人对周围的人、事、物的认知，总体来讲，就是对它们的意义和重要性的总看法和总评价。其中包含价值取向、价值追求、价值尺度和价值准则。

做好时间管理

时间管理就是人们对时间进行一定的分配，分配的过程中要运用技巧、技术和工具，旨在对时间进行科学分配，以完成工作、实现预定目标。时间管理并不是要把所有事情都做完。它的任务是有效地运用时间，发挥其最大效应，可以降低变动性，成为你的一种提醒与指引。

付出大量的行动

梦想的花苞，如果离开辛勤汗水的灌溉，是不会开出灿烂的花朵的。确定了伟大的理想，还要脚踏实地地一步步努力，推进理想的顺利实现。

加油！我可以的！

胜利最属于最坚韧的人

第二章

如何培养男孩的自我驱动力

凭借自身的积极赢得人生机会

作为成功的演讲家，马克从来没有忘记人生中最艰难的时刻。在艰难的岁月里，马克一度凭借自身的积极赢得了机会。

那是在经济大萧条时期，赚钱十分困难。很有孝心的马克实在不忍心看父母起早贪黑地工作却仍然无法供养整个家庭的温饱，所以偷偷跑到大街上想找份工作。

马克的运气相当不错，真的有一家商铺贴出了招聘店员的招聘启事。马克看到招聘启事，便急忙跑过去应聘，希望能够碰碰运气。

走进商铺却发现，跟马克一样，一共有7个和他年龄相仿的小孩想在这里碰碰运气。

店主说："你们都非常棒，但是遗憾的是，我只能要你们其中的一个。既然你们都想得到这个职位，我们不妨来个小小的比赛，谁最终胜出了，谁就留下来。"

这种方式不但公平，而且有趣，几个小家伙当然都同意。店主接着说："我在这里竖一根细钢管，在距离钢管两米的地方画一条线，你们都站在线外面，然后用小玻璃球投掷钢管，每人有10次机会，谁投中的次数多，谁就获胜。"

结果那天直到天黑，也没有人投中一次，店主只好决定明天

在人生的战场上，幸运总是会降临到努力奋斗抢占先机的人身上。

继续比赛。

第二天，只来了3个小孩，其中包括从不服输的马克。店主高兴地说："恭喜你们，你们已经成功地淘汰了4个竞争对手。现在比赛将在你们3个人中间进行，规则不变，祝你们好运。"

前两个小孩很快投掷完了，其中有一个还投中了一次钢管。就这样轮到马克，只见他不慌不忙地走到线跟前，瞅准竖在两米外的钢管，将玻璃球一颗一颗地投掷出去。

结果他一共投中了7次。店主和另外两个小孩十分惊诧：这种几乎完全靠运气的游戏，好运气怎么会一连在他头上降临7次？

店主不解地问道："恭喜你，可爱的小家伙，最后的胜利者当然是你，可是你能告诉我，你胜出的诀窍是什么吗？"

马克眨了眨眼睛说道："本来这比赛是完全靠运气的。但是为了赢得这运气，昨天晚上我一夜没睡，一刻不停地练习投掷。我想，如果不做任何练习，10次中投中一次，就算是运气最好的人了。但做过训练后，即使运气最差，10次中也应该能投中数次。不是吗？"

男孩应该懂得的道理

一位哲人曾经说过："你不要以为机会像一个到你家里来的客人，它在你门前敲着门，等待你开门把它迎接进来。恰恰相反，机会是一件不可捉摸的活宝贝，无影无形，无声无息，假如你不用苦干的精神，努力去寻求它，也许永远遇不着它。"是的，机会和好运稍纵即逝，它往往会垂青那些努力准备、努力付出和为机会积极行动的人。这个世界上没有凭空的机会和运气，我们要想抓住机会，让机会为己所用，就必须勤奋刻苦，积极做好准备。

心智成长金钥匙

所谓机会，就是对人有利的时机和境遇。每个人在生活当中，都会有很多的机会，但是机会不会平白无故地降临到你的身上。要想得到它，必须付出相当的代价和艰苦的努力，必须具备相应的条件，而这一切都离不开长期勤奋而艰苦的准备。

在现实生活中，很多人常常抱怨自己没有好的机会，其实不然，并不是你没有机会，而是机会来了，你却没有能力抓住，结果让机会与自己擦肩而过。在机会到来之前，如果我们不懂得积累学识，积蓄力量，那么等到机会降临时，我们就不可能抓住这些机会。世界上没有不劳而获的成功，想要有收获，就必须付出辛勤的劳动。因此，我们不能只抱怨上天没给我们机会，我们要从自己身上找出不足之处，来完善、武装自己，不要等到机会错过了才后悔莫及。

那么，需要做哪些准备，才能抓住稍纵即逝的机会呢？

首先，我们要深刻地认识到机会的特性——稍纵即逝且可遇不可求。机会是为有准备的人准备的，纵然现在机会还没有到来，我们也要懂得时刻为自己充电，为迎接机会积极地做准备。这样一来，不仅无形间提升了自己的能力，而且在机会即将到来的时候，或者机会成为你成功阶梯的时候，便能体会到前所未有的幸福感。

其次，就是过好每一天，做好每一件事。这是为抓住机会所准备的主观条件，因为生活中的琐事是锻炼一个人细微能力的关键。如果能处理好每一天的事情，能将每一天都过得极为充实，那么，在机会来临的时候，也就能最快地发现它，并抓住它。

最后，要提高自己的综合素质。有句名言叫"机遇只偏爱那些有准备的头脑"。如果你本身不具备一定的能力，就无法发现机会，即使发现了也难以抓住。这就要求我们锻炼自身敏锐的观察力、准确的判断力、丰富的想象力和科学的预见性。从根本上讲，要从知识、能力、品德等方面不断充实和完善自己，提高自身的综合素质。其中最重要的一点是开阔自己的视野，培养自己的前瞻性，准备好抓住机会的敏锐眼光。

拖延导致平庸，行动成就卓越

作为一名知名的工程设计师，安东尼接受过最好的专业训练，还出国学习进修了一年。很多知名企业都会找安东尼进行合作，这也为安东尼后来成立自己的公司奠定了坚实的基础。为了培养员工的积极性，安东尼曾经给大家讲述了一件发生在自己身上的事情。

我上大学的时候，学的是工程建筑，因为我喜欢这个专业，所以成绩一直都很好。我的专业老师也非常看重我，经常会给我讲一些建筑的要领。在大学即将毕业的时候，专业老师还专门和我一起吃了一顿饭。

吃饭的时候，我谈到了自己的梦想："老师，我想出国进修一年，学习更多专业的基础，未来我想成为一名优秀的建筑工程师。"

老师听到我的梦想后非常开心，就问我："那你什么时候去呢？"

刚刚走出校门的我玩心似乎还没有收回来："嗯，我想拿出半年的时间出去旅游，走出去看看世界各地的名胜古迹……"

我还没有说完，老师就打断了我的话："什么？你的意思是半年以后你才去进修是吗？那么，半年后去和现在去究竟有什么区别呢？"

老师的话也让我想到了一点，半年后可能我现在掌握的一些

> 习惯性拖延的人常常也是制造诸多借口与托辞的"专家"，如果你心存拖延、逃避，你自己就会找出成千上万个理由来辩解为什么不能把事情完成。

理论就生疏了，便对老师说："是啊，并没有什么区别，那我就两个月之后再去吧，我要了解一些其他国家的风土人情，做好准备再去。"

说到这里，老师又对我说了："有什么需要了解的呢？你了解完之后也不见得你就能在任何地方永不迷路。"

我一想也是，于是对老师说："那行吧，我决定了，我用一周的时间来收拾一下，然后就直接去进修。"

"一周之后去和现在去有什么区别呢？再说了，你究竟有什么需要收拾的呢？"不料想，我话音刚落，老师便这样对我说。

我思考了片刻，认为老师说的真的非常有道理，就说："行，那我明天就出发，开始新的人生旅程。"

我刚说完，一张机票就出现在了饭桌上，当时我就惊呆了。只见老师微微一笑："我一直以来都很看好你，所以已经帮你联系好一个非常知名的机构，你去那边进修吧，相信你一定能够成功的。"

老师的举动让我非常感动，也正是那一张机票、一番话，让我拥有了今天的一切。最重要的是，我的老师让我明白了时间的重要性，要我知道了"做任何事情都不能拖延"的道理。

男孩应该懂得的道理

艾森豪威尔说过：一个行动胜过一打计划，只有在行动中，我们才会感受到生命的悸动，才能让生命具有价值，才可以得到衣食住行的保障，才可以变得智慧、勇敢、坚毅和高尚起来。

毛毛虫的梦想是成为蝴蝶，在天空中自由飞翔，因此，在它爬上山顶后便立即行动，最后实现了梦想。相信每个人都有自己的梦想，都在为梦想不断地准备着。那么，在你追逐梦想的时候，当你奔向目标的时候，你是否也能像毛毛虫一样"立即行动"呢？

心智成长金钥匙

"拖延导致平庸，行动成就卓越。"一个人要想到达成功的彼岸，要想超越他人，要想达到预期的目标，就要"立即行动"。立即行动是成功的保障，是梦想的翅膀；一味地拖延，甚至没有勇气迈出行动的脚步，那么，成功也只能与你失之交臂。

西点军校是很多男孩梦想的天堂，但是，并不是每个人都能走进西点，也不是每一个进入西点的学子都能顺利地走过西点的学习生涯。因为在那里，从不允许拖延，更不允许为自己找任何借口。即使是没有吃饱饭，在20分钟过去的时候，任何人都不能再吃饭。或许有人会说这样的教学方式太过严格，但这也是西点成就英才的成功密码。他们用行动告诉人们："要想成功，就要克服拖延症。"

有梦想，能够为人生指明方向。但是，仅仅只有梦想是不够的，没有行动的梦想只能是永远的海市蜃楼。因此，男孩要想获得成功，要想在未来的人生道路上收获成功的果实，就要学会给自己"治病"——拖延症。

首先，学会将每天的事情分类，去做最重要的事情。对于最重要的事情，才会有更坚定的决心去赶快完成。

其次，让自己处于忘我的境界。面对眼前的任务，面对喜爱的电玩游戏，很多人都会对自己说"再玩一会儿我就工作"。这样的做法就是"拖延症"的表现，如果不能及时改正，那么，人生也将成为拖延的附属品。因此，面对任务的时候，我们不妨将自己隔绝，让自己达到忘我的境界：关闭所有的电子设备和程序等，让你的世界只有你和眼下的任务。

专注于当下，把所有力量集于一点

他是电影学院的优等生，英俊魁梧，多才多艺，笑起来格外帅气。同学们都觉得他前途无量，一定能成为明星。

和同学们预料的一样，毕业后的他接连出演了几部影视剧。然而，正当他的事业稳步上升的时候，一场不期而至的车祸断送了他的大好前程。他的双腿被一辆大卡车轧过，粉碎性骨折，脑袋被另一辆躲闪不及的轿车猛地撞了一下。几天后，他从病床上苏醒过来，表情呆滞，双目无神，两腿被截肢。同学们说，他的命不好，被撞残撞傻了，原来笑容灿烂的帅小伙，现在连做个表情都是一种奢望。

康复训练了一阵子之后，他的两手可以动了，他跟家人说自己要"自力更生"，不想让父母养活自己。可是自己瘫痪在床，不能行走，在床上能干些什么呢？左思右想，他想到了捏泥人。

现在科技发达了，生活条件好了，照相、画像已经不再新潮，用泥巴给自己捏人像，一定很有情趣。

家人和朋友都劝他打消这个念头，说捏泥人根本没有市场，即使国内最知名的天津泥人张、惠山泥人也遇到找不到接班人的尴尬现象。尽管家人和朋友们都反对，但他仍然打算坚持自己的主意。小时候他经常和小伙伴们捏泥人，摔泥巴，泥巴就是自己的玩具。就算捏泥人不赚钱，也可以重温儿时的快乐时光。

于是，家人给他搬来泥土和一些肖像画，他每天不停地照着捏呀捏、摁呀摁。泥土毕竟含有水分，因为长时间捏泥土，他的手指很快起了水泡。水泡破了长，长了破，家人都劝他戴上塑料手套捏，他说那样会影响手感，坚持不戴。

刚开始的时候，他捏的泥人可以说是歪瓜裂枣，不伦不类。后来，他越捏越有感觉，每个作品都是惟妙惟肖、俏皮传神。随后，他遇到了一个难题，泥人捏得虽然漂亮，但时间一长，泥土干了，就会出现裂纹。他研究了很长时间，觉得应该是泥土质量有问题。于是他上网查了很多相关资料，终于调出了最好的泥土，有韧性且不易干裂，用这种泥土捏出的泥人，几年甚至十几年也不会变形龟裂。

后来，他在家人的帮助下开了一家泥人店，专卖泥人，有时也提供"现捏"服务。只要客人站着不动，他照着客人的样子，10分钟后，一个栩栩如生的作品就捏好了。很多年轻情侣听到这个消息，都纷纷来他的店里捏泥人。他的生意越来越好，不但养活了自己，几年下来，还为弟弟付了房子的首付。

当时，国内山寨之风大行其道，很多人看他开泥人店能赚钱，于是纷纷效仿，有的打广告，有的造噱头。但是仅仅一年的时间，其他泥人店都因经营不善而关门大吉，唯有他的泥人店生意兴隆，长盛不衰。

有人不解地问他："你的生意这么好，秘诀是什么？"

他莞尔一笑："我瘫痪了，泥人是生意，更是我的命，没有它，我活不下去。锤子眼里只有钉子，它的任务只有一个，就是敲钉子，一天天地敲，一年年地敲。锤子因为专心，当然会成功。"

很多人在做事时，好高骛远，眼高手低，东顾西盼，太功利太浮躁，而唯有他把捏泥人当作一种生活常态，执着、专一、坚持，这就是他成功的关键。

男孩应该懂得的道理

著名佛学思想家天台智者大师说："一切诸佛土，实皆平等。但众生根钝，浊乱者多，若不专系一心一境，三昧难成。"无论从事何种事业，要想获得令人瞩目的成功，都需要具备很强的目标专注力。这就是说，要把心力尽可能用到与目标相关的事情上，而不要好高骛远、眼高手低、左顾右盼。

心智成长金钥匙

"水滴石穿"的道理相信大家都知道。水滴的力量是微不足道的，石头坚硬无比，但是水滴却能穿石，原因就在于它目标专

一、持之以恒。如果我们做一件事也能像水滴那样坚持不懈，那么成功的大门终将会为我们开启。

那么，怎样才能让自己成为一个目标专注的男孩呢？

首先，最重要的一点就是要舍弃与目标无关的东西，把心力尽可能用到与目标相关的事情上。每个男孩都想成功，都想成为未来社会舞台上一颗璀璨的明星。然而，最终心想事成者却寥寥无几、屈指可数，究其原因，就是因为大多数人目标不够专一。

人生在世，值得追求的东西很多，如果什么都想要，就什

能否多坚持一分钟，是人才和平庸之徒的分水岭。

么也得不到。只有选定一个目标，紧紧盯住它，全力追赶它，不受其他目标的诱惑，达成心愿的可能性才能大大提高。这就好比猎豹追赶羚羊，通常情况下，猎豹会紧盯住某一只羚羊而穷追不舍，即使身边出现其他猎物，距离前面的猎物更近，它也不会改换目标。因为猎豹追赶猎物，不仅是速度的较量，也是体能的较量。只要紧紧盯住前面的目标，羚羊虽然耐力好，但终究有跑累的时候，这样它十有八九会成为猎豹的盘中餐。

其次，要放弃过多的欲求。人生应该有所追求，但又不能有过多的欲求，因为它们会牵扯到你过多的精力。

成功就是每天进步一点点

彼得从小就喜欢画画，他做梦都想成为一名出色的画家。

一天，彼得兴奋地告诉妈妈："著名画家大卫要举办一个画展，我要带上自己的画作，去请他指点指点。"

晚上，彼得一脸沮丧地回来了，他把自己的画撕得粉碎，伤心欲绝地说："大卫看完我的画，说我根本不是画画的料，没有天赋，劝我放弃。我决定以后再也不碰画笔了。"

妈妈沉默了一会儿，然后对彼得说："孩子，我有一幅收藏了十几年的画，可一直不知道这幅画值多少钱，既然大卫是著名画家，我想让他帮我看一下。"

可是当妈妈从箱底拿出那幅画时，彼得很失望：画上没有点题，也没有署名，画得也很粗糙。但他还是带着妈妈找到了大卫，让他帮忙看一看。

大卫看完妈妈收藏的画，摇摇头说："这画画风简单，用笔稚嫩、粗糙，立意不明确，根本不是名家所画，一文不值！"

妈妈有些失望地问："你看画这幅画的人，如果继续画下去，能成功吗？"

大卫用十分肯定的语气说："恕我直言，朽木不可雕也，此人再画下去也成不了气候。"

妈妈说："十几年前，我在一所幼儿园当老师，这幅画是我的一个学生画的。当年那个学生是全班画画最差的，交作业时，他没有勇气把自己的名字写在正面，而是写在了背面。他虽然画得不好，但我没有批评他，反而鼓励他说：'你画得很不错，继续努力，我相信你将来一定能成为一名出色的画家。'没想到过了若干年，我的这个学生真的成了一位大画家！"

大卫一下子惊呆了，他半信半疑地翻过画，背面赫然写着自己的名字。

大卫慢慢地回忆起来了，喃喃地说道："你是玛丽老师？"

妈笑着点点头，说："十几年过去了，但我依然认得你。"

顿了顿，妈妈接着说："虽然我不懂艺术，可我知道该如何去教育孩子。"

大卫听罢，顿时羞愧得面红耳赤，说："对不起玛丽老师，我错了，谢谢您的教诲！"

妈妈把目光转向彼得,而彼得也终于明白了妈妈为什么要带自己来鉴画。他点点头说:"妈妈你放心,我以后绝不会轻易放弃努力!"

男孩应该懂得的道理

我国古代思想家荀子说:"锲而舍之,朽木不折;锲而不

舍，金石可镂。"决定人生成功的决定因素是坚持不懈的努力，拥有了坚持不懈的努力，你就可以一步步成长，一步步接近成功。明白自己内心热爱什么，想追求什么，然后勇敢去努力，不要因为别人的一句否定或一个小小的挫折而轻易放弃自己的梦想和追求。成功永远属于那些坚持不懈的努力者。

心智成长金钥匙

有这样一幅漫画：一个年轻人挖井找水，一直挖了四五个深浅不一的坑，结果都没有出水，于是他准备再挖新的"井"。画下面的文字反映了他的心思：这下面没有水，再换个地方挖。而事实并非如此，那些他曾经浅尝辄止的"井"只要再深挖一些，就可以找到丰富的水源了。

这幅漫画给我们的启示是：要想找到成功之源，除了肯努力，还要坚持不懈，持之以恒，浅尝辄止者是不会成功的。这是一条最原始也是最简单的真理。

清代学者王国维曾经总结了学习的三个境界，旨在告诉世人无论在任何时候，坚持不懈永远都是成功必需的因素。在王国维所总结的学习三个境界中，"昨夜西风凋碧树，独上高楼，望断天涯路"为第一境界；"衣带渐宽终不悔，为伊消得人憔悴"为第二境界；"蓦然回首，那人却在灯火阑珊处"为第三境界。三个境界环环相扣，其间最重要的就是第二境界——持之以恒，有了它才可能达到第三境界——成功境界。那么，男孩怎样培养自己坚持不懈的品质呢？

第一步，你要为自己制订一个切实可行的计划。这是你成功的基础，但要注意这个计划一定要切实可行。如果过于严苛的话，恐怕你坚持不了多久就会因此而怠懈，而如果过于容易的话又可能达不到你的目的和要求。

第二步，你要有坚持的意识。对自己制订的计划要抱有积极的心态，脑子里要绷紧一根弦，时刻保持一种危机感，同时心态一定要好，因为心理作用对人的影响非常大。做到以上两步，你就等于成功了一半。

第三步，你要循序渐进，逐渐把良好的行为变成你的习惯，自己在自己的鞭策、提醒中成长，最后达到持之以恒的目的。

成功路上无捷径，坚持不懈见成功。人生就是如此，对自己看准的事情，千万不要轻易放弃。在学习、工作中，不管你是否犯过浅尝辄止的错误，现在只要安下心来，认准一个正确的目标，坚持不懈、持之以恒地努力下去，你就一定会获得成功。

果断抉择，才能铸就成功

英国有一位知名的哲学家，他把自己的青春倾注在研究哲学上，从而在他年近四十时依然没有找到人生的另一半。终于有一次，哲学家在参加一次宴会的时候，一个年轻漂亮的女人走到他的面前，对他说："您好，杰克斯先生，我仰慕您很久了，我喜欢您，您愿意娶我吗？"

女人的大胆让这位哲学家很是吃惊，当即呆在了那里。接下来，便陷入了哲学的"领域"："姑娘，您很漂亮，但说到结婚的事情，我还需要好好考虑一下，等我有了结果，我再去找您吧。不过您可以先把您家的地址给我。"

年轻漂亮的女人把地址给了杰克斯先生，回家之后就一直梦想着杰克斯能突然出现在自己的家门口。然而，当哲学家杰克斯回到家之后便将自己关在房间里，将自己和"未来的妻子"，也就是向自己求爱的姑娘放在哲学中。他不停地分析，用哲学理论来论证自己的婚姻。在这个过程中，他考虑的问题非常多：我们两人属于什么样的性格，结婚之后在哪里定居，以后生一个孩子……

时间过得很快，10年过去了，哲学家终于研究明白了，他发现自己和那个女人非常般配，不管是从家庭上来讲，还是从外形气质上来讲，两人都是天造地设的一对。于是，杰克斯激动地来到女人的家门口，按下门铃。杰克斯原本以为多年前的女人还在等着自己，却不想，开门的是女人的父亲。当杰克斯问到老人家的女儿时，他笑了笑："您来晚了，她现在已经是3个孩子的妈妈了。"

这个消息对哲学家杰克斯的打击非常大。回到家之后，他郁郁寡欢，就连研究哲学也无法带给他一丝快乐。

这件事情告诉我们：果断抉择，才能获得幸福，犹豫不决只会带来更多遗憾。

男孩应该懂得的道理

人生就像在做一道道的选择题，面对选择，有人会左思右想，瞻前顾后，生怕自己做错选择；面对选择，有人会果敢应对，理性思考，从不怀疑自己的能力。那么，生活中的你在面对选择时是做何反应呢？是拖拖拉拉，犹豫不决？还是坚持自身的目标，果断地应对一切？德国文学家歌德说过："长久地迟疑不决的人，常常找不到最好的答案。"面对人生的诸多选择，面对选择中涵盖的机会，唯有坚决果断，才能抓住机会，才能让机会为自己所用，才能铸就非凡的人生，取得卓越的成就。

心智成长金钥匙

面对人生的选择，慎重考虑是必要的，但是，千万不要优柔寡断。即使是难以取舍的问题，也不要因为无法做出判断留下人生的遗憾。要知道，一个人的精力是有限的，机会停留的时间更是有限的，在你犹豫徘徊的时候，机会可能就会瞬间溜走。

美国一位著名的心理学家说过："一个人的精力是有限的，做事瞻前顾后，不能果断，那么，他们就会形成懒惰、拖泥带水的做事风格。这样的人是很难获得成功的。"纵观身边成大事者，纵观古今中外的能人高士，无一不是一个果断之人。面对选择，他们不会惧怕，不会犹豫不决，而是跟随心的脚步，做出选择。也正是因为这样，他们获得的机会很多，更是为自己的成功增加了砝码。

只有自己做了，才可能知道能否成功！

就业

创业

毕业

　　身为男孩，我们都想成为小伙伴心中的"老大"，都想成为学校的"能人"，更想在人生未来的道路上取得非凡的成就，成为万人瞩目的焦点。那么，在做事时我们就要懂得果断，不要拖泥带水。面对选择的时候，更要当机立断，不要让稍纵即逝的机会从身边溜走。就像一句话说的那样："当断不断，反受其乱。"面对选择，如果终究犹豫不决，前怕狼后怕虎，那么，即便选择很简单，即便机会就在身边，你也会被自己虚拟的"老虎"吓得站在机会的门口，眼睁睁地看着机会消失。

　　也正是因为这样，很多人在经历了漫长的人生后，总会叹息"成功太难"，抱怨"机会太少"。其实，成功离我们并不遥远，出现在我们身边的机会更是不计其数。只是，能够抓住机会，铸就成功的人寥寥无几。面对选择，面对机会，很多人都会表现得优柔寡断，生怕选择后自己会失去什么，却不想"丢了西瓜，捡了芝麻"，将成功拒之门外。

由此可见，男孩们如果想要有所成就，想要在未来的人生中成为闪耀的明星，就要懂得当机立断，衡量好"鱼和熊掌"的价值。只有这样，才能寻找到人生的目标，才能在纷繁的社会中实现自我价值，才能证实"天生我材必有用"的真理。

第三章

如何培养男孩的抗挫力

畏惧不前则一事无成

世界顶级巨星史泰龙出生在一个暴力家庭，父亲嗜酒如命，母亲同样也是离不开酒。每当父亲喝醉酒的时候，就把气全部撒在母亲和史泰龙身上；而当母亲不开心的时候，史泰龙则成为唯一的出气筒。或许是受到这样恶劣的家庭环境的影响，也或许是因为他不甘于这样的生活，史泰龙从小就形成了坚强的性格，勇气更是成为他一生不断前进的助推器。

史泰龙高中毕业的时候，便放弃了学业，成为街头出了名的小混混。然而，在他20岁的时候，他意识到这样下去的严重后果，他开始认真地思考自己的未来。他一遍遍地告诉自己："我不能再这样下去了，否则我就可能成为社会的垃圾。我一定要改变这样的生活，我一定不能像父母那样混沌度日，我一定要成功。"

然而，前途对于史泰龙来讲似乎依然很是渺茫：想要进入一家好的企业，史泰龙没有学历和文凭；进入政界，史泰龙更是没有任何的家庭背景做支撑……即使如此，史泰龙依然没有放弃人生，而是勇敢地做出了一个决定："我要做一名演员，将来打进好莱坞，甚至走向世界。"坚定了自己的决心，史泰龙便开始了"寻梦之旅"。

在之后的日子里，史泰龙来到了好莱坞，开始费尽心思地寻找导演，找制片人，甚至想方设法地和一些明星见面。总而言之，史泰龙要寻找任何一个可能让他成为演员的人。在见面的时候，史泰龙勇敢地放下自己的面子，哀求那些明星和导演："求求你们给我一次机会吧，我一定能够演好的，不信您看一下……"然而，这一切换来的是一次次的拒绝。在一声声"你不可能成为演员"的打击声中，史泰龙一度失去了信心。

但是，想想父母悲惨的人生，想想那个漫天酒气的家庭，史泰龙不甘心，他真的不想重蹈覆辙，成为第二代"父母"。于是，在经历了两年的失败后，史泰龙坚强地站了起来，重新开始规划人生："既然直接去做演员没有可能，那么，我就要改一种成功的方式了。"

之后，史泰龙转念开始写剧本，由于自己在两年的失败中耳濡目染地学到了很多东西，一年后，史泰龙的剧本便写完了。接下来，就是要说服导演，接受自己的剧本。甚至让自己担任其中的一个主角："我一定能够演好的，您就让我当男主角吧。"这一次，史泰龙迎来的依然是打击："你想当男主角，简直是开玩笑。"

此时的史泰龙似乎已经越挫越勇，他依然坚持不懈地努力着。终于，在他被狠狠地拒绝了一千多次之后，一个曾经拒绝过他的导演终于被他感动了，决定给他一次尝试的机会："我不能确定你是否能够演好这个角色，但是，你的勇敢精神却深深地打动了我。我可以给你一次机会，但只是先试拍，如果效果好，我们再接着合作，如果效果不好，我也没有办法了。"

导演的一番话让史泰龙终于看到了前方的曙光。为了能将剧本演好，史泰龙不断地练习，不断地熟悉剧本。终于，他非常完美地拍完了剧本的第一集，获得了全美国最高的收视率。此时的史泰龙迈向了成功的道路，向着更加美好的未来前进。

男孩应该懂得的道理

如果史泰龙没有足够的勇气在一次次的失败中勇敢地站起来，那么，迎接他的将是永远的失败。失败是人生的常态，困难更是人生道路上不可或缺的小插曲。面对人生的暂时失败和困难，唯有坚强地站起来，唯有勇往直前，才能收获真正的成功，才能得到幸福美满的人生，才能实现心中的理想。

心智成长金钥匙

"世界上没有失败，只有暂时停止成功。"一个人要想从"暂时停止的成功"中挣脱，获得真正的成功，就要勇往直前，直面人生的挫折。失败往往是因为我们驻足在困难面前永不前进造成的。困难就像弹簧，当你弱小的时候，它就会将你弹向万丈深渊。

生活中，有很多人不敢直面人生的挫折，有很多人向人生的困难低下了头。殊不知，就在你低头，甘心做挫折和困难的俘虏的那一刻起，成功便和你渐行渐远。纵观古往今来的成功者，他们都是勇敢的人，无论面对怎样的困难和挫折，无论面对怎样的

恐惧 —人生的最大敌人

荆棘藤蔓，他们都不会放弃自己，不会放弃人生。而是勇敢地抬头直面挫折，用心享受"乘风破浪会有时，直挂云帆济沧海"的美妙。

要知道，任何人的一生都不可能是一帆风顺的，都会遇到这样或那样的难题。如果终日生活在痛苦中，没有勇气面对人生，面对人生赋予的一切，那么，暗淡无光将是你人生最好的写照，失败将是人生最后的归宿。

著名作家巴尔扎克也曾经说过："苦难是人生的老师，拒不接受苦难不是力量的表现，而是懦弱的表现。"他告诉人们，苦难是人生不可或缺的，也是上天赐予男孩的最好礼物。苦难能够磨炼一个人的意志，能够让男孩更快地成长，在苦难中变得更加坚强，更加勇敢。所以说，面对人生的苦难，我们要怀揣感恩之心，勇敢地接受，坦然地面对。

要成功，就要敢于冒险

1859年，美国安德鲁——克拉克石油公司由于经营不善即将面临倒闭，无奈之下，便公开进行拍卖公司的股权。当时，该公司的股权底价是500美元，很多有实力的人都纷纷来到现场，想要争得该石油公司的所有权。当时，洛克菲勒和其他几个合伙人也来到了现场，并参与了拍卖。

由于当场的竞拍人员很多，很快，该石油公司的拍卖价就从原来的500美元飙升到5万美元。这个价钱已经完全超出了石油公司自身的价值，如果再继续抬高竞价，那么，在日后的经营中，就会冒很大的风险。于是，很多竞拍人员纷纷撒手。此时的洛克菲勒同样也有些疑虑，但是，他的决心却让他鼓起勇气，一遍遍在心中告诉自己："不要畏惧，既然下定决心就不能轻易放弃，而是要勇往直前。"于是，洛克菲勒选择了冒险，最后，他以7.25万美元的价格得到了这家石油公司。

在当时的社会，石油的开采和出售都不景气，很多人都认为洛克菲勒的做法很是冒险，是非常不理性的行为。然而，已经得到公司的洛克菲勒却没有沉浸在别人的议论中，而是大胆地经营着这家石油公司。

终于，不久后，洛克菲勒掌控的这家公司所开采和出售的石油占据了美国市场的90%。洛克菲勒从中获得了很多的利益，这也为后来洛克菲勒建立属于自己的商业帝国奠定了坚实的基础。此时，再也没有人说洛克菲勒当初的决定如何，而是为洛克菲勒的大胆和自信心生敬佩。

其实，每每谈到那次拍卖现场，洛克菲勒都会激动不已，用他自己的话来说就是："在拍卖会就如同进了赌场，你全部的心思都放在了那里。那是一场重大的赌博，当初我押上的是全部家产，但是，最后赌赢的却是人生。"

在教育自己的孩子时，洛克菲勒也从不忘给孩子们灌输冒险的精神。

洛克菲勒的儿子约翰年轻时向他借钱去炒股，洛克菲勒很爽快地答应了。但是，在股市中闯荡的约翰却常常感到心神不宁、忧心忡忡。约翰害怕在冒险的股市中输，因为那样，他输掉的不是自己的钱，而是父亲洛克菲勒的。因此，约翰每天都在关注股市，甚至常常会因为股市的跌跌涨涨感到焦躁。

当洛克菲勒知道约翰的顾虑后，对他说："约翰，借钱并不是一件坏事，他不会让你倾家荡产。在我所认识的富翁里面，大多数都是起初通过借钱，冒着险，最后才发家的。因为一块钱的买卖赚的永远都比100块钱的买卖赚得少。"

这就是洛克菲勒，一个敢于冒险的男人，一个勇往直前的男人，更是一个成功的男人。他的成功靠的是一种勇气，一种敢于冒险的勇气。

男孩应该懂得的道理

洛克菲勒曾经对自己的儿子说："人生就是一个不断抵押的过程，为了前途，我们抵押了青春；为了幸福，我们抵押了生命。因为如果你不敢逼近底线，你就输了。那么，为了人生的成功，我们抵押冒险难道不值得吗？"人生其实就是一场赌博，要想定输赢，首先就要敢于押注。一个没有勇气做抵押的人，永远不可能获得成功，也不可能创造属于自己的蓝天白云。

心智成长金钥匙

欧文·斯通说过："生命是一个奥秘，它的价值在于探索。因而，生命的唯一养料就是冒险。"人的生命就如同冒险，人生中更是存在许多难以预料的陷阱。如果不能主动地去冒险，迎接人生的挑战，那么，就只能等待风险的来临，让你措手不及。

对于很多人，冒险似乎是一种非常不理性的行为，冒险往往无法得到好的结果。无论在任何时候，无论做任何事情，很多人都会为自己选择一条"安全保险"之路。或许他们的人生真的能够在他们"聪明"的规避风险中变得平静，但却不是美满的。

要知道，风险和机遇就如同一对孪生姐妹，相依相伴。如果想要获得成功，就要敢于冒险。虽然冒险不是成功的唯一条件，但是，如果没有勇气冒险，那么，成功将会与你无缘。虽然冒险可能让你倾家荡产，但是，如果没有决心冒险，那么，你也不可能发家致富。

有人曾经说过："人生最大的价值就在于冒险，人的生命就是一场冒险，成功之人走得很远，走得很远的人都是敢于去冒险的人。"事实就是如此，纵观古往今来诸多成大事的人，他们身上都有一种共有的特质，那就是冒险。因为冒险，他们走进了更大的世界；因为冒险，他们得到了成长；因为冒险，他们收获了人生一次次的惊喜和成功。

由此可见，一个人要想成就非凡的人生，要想获得卓越的成就，就要学着拯救那个胆小怯懦的自己，勇敢地踏上冒险之路。唯有这样，才能拥有真正的人生，才能在冒险中吸取到更多人生的精华，才能在失败和成就中锻造独立自主的精神。

对男孩来讲，爱冒险似乎是一种天性。如果你也想成为人中之龙，想在未来的人生道路上成就一番事业，那么，就要从小培养自己的胆识，让自己更好地学会冒险，爱上冒险。只要冒险不止，你对人生的拼搏就永远不会停止，成功也会更多地靠近你。总而言之，要知道，冒险不仅能体现一个人的勇气和魄力，还能给予人弥足珍贵的成长锻炼，要想成功，就要敢于冒险。

别怕，用勇敢战胜怯懦

布兰科刚刚出生不久，父亲便因为一场车祸去世了。从此，布兰科和妈妈相依为命。虽然日子过得非常拮据，但是，妈妈从来没有委屈过布兰科，只要是其他孩子有的东西，布兰科都有。然而，好景不长，在布兰科5岁的时候，父亲的债主逼迫妈妈还债。无奈的妈妈便卖掉了房子，带着布兰科来到了美国一个偏远的小镇，在那里，他们开始了新的生活。

虽然布兰科年纪还小，但是，他已经能够隐约感到自己和他人的不同。虽然妈妈经常鼓励他，逗他开心，但布兰科的心中有着无法抹去的阴影。每每看到其他孩子依偎在父母的怀中，布兰科就会哭着回去向妈妈要"爸爸"。时间久了，很多小伙伴也开始嘲笑布兰科是没有爸爸的孩子，甚至有的小伙伴说布兰科是"野孩子"。

面对镇上小朋友们的嘲笑，布兰科很伤心。从那以后，他害怕出门，再也不想走到小镇的大街上。妈妈知道后劝他："你有爸爸，只是在你很小的时候，他就离开了。不要听别的小朋友乱说好吗？"

年幼的布兰科很懂事，他不想让妈妈伤心，更不想让妈妈为自己担心。布兰科终于走出了家门，看着布兰科远去的背影，妈妈开心地流出了眼泪。

可是，不到半小时，布兰科居然哭着跑了回来，并大声喊道："以后我再也不出去了，妈妈，除非你还我一个爸爸！"可是，就在布兰科想要进屋的时候，妈妈拦住了他："想要一个爸爸那是不可能的，但我要告诉你，你现在就给我出去。你是男子汉，怎么连面对的勇气都没有，我不要没用的胆小鬼做我的儿子。"

这是妈妈第一次对布兰科发火，布兰科不知如何是好。"还不快出去！"说完这句话，妈妈便进屋了。

"是啊，我也是男子汉，我怎么能退缩呢，我应该勇敢一点儿的。"于是，布兰科再次走出家门，面对那些嘲笑他的孩子，虽然还有些胆怯，但布兰科还是说："我是真的想和你们成为朋友，我不是没有爸爸的孩子，只是我爸爸在我小的时候过世了。谁以后要是再敢说我是没有爸爸的孩子，那我就要不客气了。"

一向任人欺负的布兰科突然发飙，所有小朋友都被吓坏了，一个个地都走开了。从那以后，再也没有人敢说布兰科是没有爸爸的孩子了，从前那些小伙伴还成为布兰科的好朋友。

从此，布兰科的血液中被注入了"勇敢"的因素，即使遇到再大的困难，他从来没有害怕过。后来，他还凭借自身的勇敢成为美国阿拉斯加州的州长。

男孩应该懂得的道理

面对陌生的事物，面对自己从未遇到过的麻烦，很多人都会感到无能为力。对于没有见过大世面的男孩，怯懦更是常常有的行为。也是在这种无能为力和怯懦中，很多人选择了半途而废，与成功擦肩而过，最后却一直哀叹"成功太难"。其实，成功并不难，只要我们能够战胜怯懦，便能获得更多成功的机会。男孩要想成就未来，就要有足够的勇气，面对他人的嘲笑，面对生活的挫折，甚至面对一次次的失败和痛苦。

心智成长金钥匙

　　或许是父母的溺爱湮灭了男孩天生的勇敢，或许是一次的失败让男孩失去了前进的勇气。现实生活中，很多人都习惯性地被内心的怯懦"牵着鼻子走"。看到可怕的场景唯恐避之不及，遇到不想见的人慌忙躲开，这些都是怯懦的表现。难道怯懦真的就不能被打败吗？难道男孩就不能将怯懦踩在脚底吗？

　　对于上面的问题，有人做了一个详尽的调查，调查结果显示，很多男孩都认为："我根本没有能力去改变自己，更不可能打败怯懦。虽然我也很不喜欢怯懦的自己，讨厌胆小的自己，但我真的改变不了什么。"事实是这样吗？答案是否定的。男孩完全可以挖掘潜在的勇气，去对付天敌——怯懦。

麦克阿瑟将军说过："不勇敢地打败怯懦，就要一辈子躲着它。"如果一个人不能战胜内心的胆怯，那么，他的人生注定是要失败的。

相信，任何一个男孩都不想成为平庸者，都想在有限的人生创造无限的价值，都想取得非凡的成就。那么，从现在起，就要去做任何一件能够战胜怯懦的事情。

失败并不可怕，可怕的是失败后无法站起。

任何一个成功者都是经历了无数次失败后才获得成功的。史泰龙同样也是经历了一千多次的失败后，才看到了成功的希望。所以，在面对失败的时候，明智之举便是再次站起，直面人生的"波澜"。久而久之，便真的能做到"波澜不惊"了。

自我激励，告诉自己"我能行"。

人们常说，靠山靠水都不如靠自己，要想打败怯懦，同样也只能靠自己。当遇到困难的时候，不要逃避，不要怯懦，不妨从心底对自己说："我一定能够成功，这件事情难不倒我。""我能行，我一定不能输。"……这些心灵的暗示看似简单，却能够给予你莫大的勇气。

成功，从来都与意志薄弱者"无缘"

　　他是全国最著名的推销大师，在他的推销生涯中，他取得了非凡的成绩，成为远近闻名的"销售之神"。时间过得很快，在取得了辉煌业绩后，他也即将告别自己的推销生涯，并在所在城市最大的体育馆进行了一场告别职业生涯的演讲。

　　那天，到场的人很多，有的是公司的销售人员，有的是公司的上级领导，还有一些是即将跨出学校大门的莘莘学子。大家在用热切的眼神，盼望着推销大师的到来，向自己传授各种推销的技巧。

　　终于，会场的大幕拉开了，赫然出现在舞台上的不是推销大师，也不是主持演讲的人，而是一个巨大的铁球。铁球被挂在了一个坚硬无比的铁架子上。就在人们对此感到诧异时，有位年迈的老人走上了舞台，他就是人们盼望已久的推销大师。

　　在场的所有人都在望着他，等待着他的金口赶紧张开。这时候，只见推销大师从口袋中拿出一个铁锤，对在场的所有人说："在场的朋友有谁能上来一下，试着用这个铁锤让铁球荡起来。"对此，很多人都认为不可能，但依然还有几个年轻人去尝试了，他们拿起铁锤，用力地敲打着铁球，铁球却安然无恙，丝毫没有晃动。

"这根本是不可能的，这个铁锤这么小，铁球却这么大，简直就是拿着鸡蛋碰石头，不可能。"这时候，在场有人便说了。

听了观众的话，推销大师笑了笑："当然有可能，我就能够用这个铁锤将铁球敲动。"说着，他便拿起铁锤，开始不断地敲击铁球。

10分钟过去了，铁球依然没有晃动。20分钟过去了，铁球还是安然无恙地吊在哪里。这时候，在场的人已经开始骚动，甚至有人在说"他简直就是在浪费时间"。但是，推销大师没有停止敲击铁球。很快，半小时过去了，铁球还是没有动静，而在场的人有的已经离开了。

就在很多人站起身即将离开的时候，就在推销大师规律性地敲打铁球的时候，坐在前排的一位女士突然大声说："你们看，球动了！"这一声呼喊让全场顿时鸦雀无声，人们纷纷走到前排，大家看到，铁球真的动了。

这时候，推销大师笑了笑，将铁锤放进口袋，并开口对依然留在现场的观众说："很高兴你们能耐心地观看我的'表演'，我想告诉大家的是，在成功这条道路上，你如果没有耐心等待成功的到来，没有执着不变的精神，那么，你只好用一生去面对失败。"话音刚落，全场响起了雷鸣般的掌声。

男孩应该懂得的道理

有人说，成功很难，需要有全面的能力，需要有强大的后盾。然而，故事中的推销大师却用行动证明了"成功其实并不难"。是的，成功很简单，简单到你只需要去重复地做一件事情，在重复的过程中掌握更多的技巧，更重要的是，要有足够的耐心。对于梦想也是这样，成功永远不会垂青那些意志薄弱、轻易言弃的人。唯有执着于梦想，唯有坚定不移地盯准目标，才能"等"来成功，才能实现梦想。

心智成长金钥匙

英国著名作家莎士比亚说过："不要因为一次的失败，就决定放弃内心想要达到的目标。"一个人要想成功，就要认准目标，永不言弃。放弃是弱者的表现，更是失败者的真实写照。很多时候，我们失败，并不是因为梦想的遥不可及，也不是因为困难太多而无法解决。最主要的原因是我们不懂得坚持，在困难面前选择了逃避，选择了放弃，选择了重新制定目标。

殊不知，人生在世，坎坷难免。如果只是因为一点困难就选择了低头，如果只是因为一次失败就选择了放弃梦想，那么，等待你的就将是一次次的失败，一次次的打击。但是，如果我们能够坦然接受人生的坎坷，执着地追求梦想，即使失败了，也能坚强地站起来，那么，结果就会截然相反，成功便会成为人生最后的归宿。

相信很多男孩都知道富兰克林，富兰克林自小就是一个非常坚强的人。他的成功道路是极为艰辛的，但是，他没有选择放弃，而是在最困难时依旧坚守内心的信念，一遍遍地告诉自己："我一定能够成功，一定能够战胜对手。"最后，他终于获得了

成功，实现了心中的理想，成为著名的文学家、政治家……

　　人生就像一架天平，苦难和成功就是天平两端的重量。如果你认为有了苦难，就不可能获得成功，那你就可能选择放弃，也就选择了失败；但是，如果你始终执着于目标，认为一切困难都没有成功重要，那么，你就会选择勇敢，你的人生天平也将偏向成功。

　　所以，男孩们，当你遇到困难的时候，当你徘徊在理想的大门不知所措的时候，对自己说一句："我不能放弃，我一定要成功！"因为"世界上从来没有放弃的成功者，只有从不坚持的失败者"，成功也只垂青于坚持不懈的人，意志薄弱者永远不可能和成功产生交集。

逆境中执着地做最优秀的自己

一个男孩向当厨师的父亲抱怨说："我的生命充满了痛苦和无助，我是多么想要健康地走下去，可是我感到人生极为迷茫，找不到方向，现在的我整天彷徨忧郁，真的很想放弃。我已经厌烦了所有的抗拒、挣扎。但是，就在我想要放弃的时候，问题似乎一个接一个，让我毫无招架之力。"

父亲听罢没有说话，看着神情恍惚的儿子，他毅然地拉起儿子的手，快步走向厨房。他在三口不同的锅中加了等量的水，并将三口锅的水全部烧开。水开以后，他在第一口锅里放进萝卜，第二口锅里放进鸡蛋，第三口锅里放进咖啡。

男孩好奇地望着父亲，不得其解，此时的父亲并没有对迷茫的儿子说什么，只是示意他不要说话，静静地观察锅中萝卜、鸡蛋和咖啡的变化。

父子两人静静地在锅前站了十几分钟，父亲这才把锅里的萝卜、鸡蛋捞起来放进碗里，把咖啡过滤后倒进杯子里，问道："孩子，能告诉爸爸你看到什么了吗？"

男孩回答说："嗯，是您刚刚放入锅中的萝卜、鸡蛋和咖啡。"

父亲满意地点点头，仍然没有说什么，而是把男孩拉近，让他仔细观察这三样东西。当男孩观察完这些东西后惊奇地说："爸爸，这个萝卜变得好软，而咖啡的味道好像更浓了，闻起来好香。但是，这个鸡蛋似乎没有什么变化啊。"

父亲笑了笑："鸡蛋真的没有什么变化吗？"说着便将鸡蛋壳敲碎剥去，让男孩仔细观察。对于父亲的这些举动，男孩有些疑惑："爸爸，这是什么意思啊？"

"其实，滚烫的开水就像人生中的逆境，面对这些，萝卜变软了，妥协了；鸡蛋却能够由原来的脆弱变得坚韧，但它依然将自己完全封闭；咖啡则能够很快地融入，将自己变成美味的咖啡。那么，你想过你是这三样中的哪一样吗？面对困境，你是变得更加坚韧呢，还是如同萝卜一样向生活妥协呢？"父亲很严肃地说。

听完父亲的一席话，男孩终于恍然大悟，就在他洞悉一切后，他在心中暗下决心："或许我以前是萝卜，但在未来的人生中，我一定要像咖啡一样，在磨难中历练自己，让自己更加成熟，更有内涵。"

那么，在生活面临如沸水一般的逆境时，你会选择做哪一种人？是让自己像萝卜一样软弱，不堪一击？还是像鸡蛋一样，用一层冷硬无情的壳把自己封闭起来，让自己故步自封，从此以怨恨的态度来对待人生？抑或是选择做咖啡，将外在的一切转变成自己成熟、丰富的资本，让外在的一切转化成自己前进的动力？相信很多人会选择第三者。

男孩应该懂得的道理

《伟大是熬出来的》的作者冯仑先生说："伟大是坚持，伟大是坚韧不拔；伟大是管理自己不是管理别人。"在每个人的内心深处，都藏着一个最真实的自己，它最单纯，同时也最强大，一切风浪都无法将其撼动。每个人来到这个世界都拥有独特的使命和价值，无论处在怎样的境遇中，我们都可以去实现自己的价值，实现自己的心愿和梦想，做最真实、最优秀的自己。

心智成长金钥匙

在这个世界上，每个人都是独一无二的。顺境中坚持，更重要的是在逆境中依然坚持自己，坚持自己的价值，坚持自己的梦想。这样的人，他们的一生都是值得的，他们可以自豪地说：我在这个世界上活过，活得有意义、有价值！

在人生的旅途中，每个人都会经历或多或少的逆境。那么我们不妨把这些逆境看作是人生的一份厚礼，它是上天派来磨炼我们意志的。不经历坎坷便不会有真正的成熟，不经历风霜便难以看到冰雪季节的美丽。

那么，男孩如何在逆境中坚持自我、执着地做最优秀的自己呢？

对自己要充满信心

漫步在漫长的人生道路上，我们需要承担来自社会的、工作的或学习的压力，才能获得人生的成功。要想承受这些压力，首

先需要培养忍受逆境的能力。其次要把所谓的逆境看作是一种机遇，找出摆脱逆境的办法。当逆境出现时，相信自己能够掌握自己的命运，能够从逆境中走出去，并且在战胜一个个逆境的过程中获得健康、活力和成功。

要始终保持一种乐观情绪

每个人都有遭遇坎坷、不如意的时候。身处逆境的人很容易认为人世间没有乐趣，或生命没有价值，这样就在无形中给自己添加了强大的精神压力。相反，我们如果能看淡这些所谓的逆境，始终保持乐观情绪，认为人虽然注定了要靠刻苦、努力来维持自己的生活，虽然注定了要有七情六欲来品尝人间的种种辛酸苦辣，但我们依然有机会去欣赏这个充满鸟语花香的美丽世界，我们还有心情来领略人间的爱心、善良和同情。相信如果你能这样去看待逆境，心里一定会从容、淡定和舒服得多。

要学会给自己解压

身处逆境，会让我们举步维艰，很多人在这种情况下往往会封闭自己。其实这种做法是不明智的。我们完全没有必要将自己"包裹"起来，而是应该利用尽可能多的机会寻找更好的解决办法，哪怕只是和要好的朋友倾诉心中的不快，也能得到很多理解和支持。除此之外，我们还可以找一个清净的地方静一静，例如一次旅行，或者到乡村里走一走，以消散自己心中的烦恼。此外，你还可以在想象中给自己放松。比如，你可以静下来去发挥自己的想象，通过想象让自己的思维"游逛"，如"蓝天白云下，我坐在平坦的草地上"，"我舒适地泡在浴缸里，听着优美舒缓的音乐"，让自己得到精神小憩，你会感到安详、宁静和平和。

学会在逆境中鼓励自己

自我激励法永远是最好的"良药"。当我们身处逆境，或者受到生活沉重的打击时，便可以利用自我激励法，鼓励自己，抛开那些所谓的烦恼和怒气。与此同时，我们还可以在心田播下一颗快乐的种子，当种子发芽、长大之后，我们便能收获快乐和希

遭遇挫折并不可怕，可怕的是因挫折而产生对自己能力的怀疑。只要精神不倒，敢于放手一搏，就有胜利的希望。

SUCCESS

望的果实。

　　总而言之，不管遇到什么样的伤害，不管受到怎样的打击，只要能够在逆境中扮演最优秀的自己，只要能够保持积极向上的心态，便可以在逆境中随遇而安，收获人生美丽的果实。

明智的放弃胜过盲目的执着

　　他是个农村孩子，高中没毕业就辍学在家务农了，但他从小的理想是当一名作家。为此，他一如既往地努力着，坚持每天写作500字。每写完一篇文章，他都改了又改，精心地加工润色，然后再充满希望地寄往各地的报纸、杂志。遗憾的是，尽管他费尽了心思，可他从来没有一篇文章得到发表，甚至连一封退稿信都没有收到过。

25岁那年，他总算收到了第一封退稿信。那是一位他多年来一直坚持投稿的刊物的编辑寄来的，信里写道："看得出来你是一个很努力的男孩，但我不得不遗憾地告诉你，你的知识面过于狭窄，生活经历也显得过于苍白。但我从你多年的来稿中发现，你的钢笔字越来越出色！"

就是这封退稿信，点醒了他的困惑。他猛然意识到，自己不应该对某些事过于执着。于是他毅然放弃写作，转而练起了钢笔书法，果然长进很快。如今他已经是一名小有名气的硬笔书法家了。就这样，他让理想转了个弯，从而柳暗花明，走向了成功。

成功之后的他曾向人们感叹：一个人要想成功，理想、勇气、毅力固然重要，但更重要的是，人生路上要懂得智慧的放弃，更要懂得理智的转弯！

男孩应该懂得的道理

一位哲人说："明智的放弃，要胜过盲目的执着。"放弃，未必就是怯懦无能的表现，未必就是遇难畏惧、临阵脱逃的结果。有时候，放弃恰恰是心灵高度的跨越，是睿智思索的最佳选择。在人的一生中，要遇到许许多多的选择，在把握命运的十字路口，审慎地运用你的智慧，做出最正确的判断，放弃无谓的固执，冷静地用开放的心胸去做正确的选择。

心智成长金钥匙

生活在这个五彩缤纷、充满诱惑的世界上，我们渴求的东西太多太多，但历史和现实生活告诉我们：必须学会选择，学会放弃！人生是复杂的，有时又是很简单的，甚至简单到只有取得和放弃。取得往往容易随心而为，而放弃却需要过人的理智和巨大的勇气。

人生就像一道选择题，从出生的那一刻起，我们就开始面临着一道又一道的选择题。选择对了，是成功的帆；选择错了，势必就会南辕北辙。尤其是遇到追求的目标不可能实现时，选择更

已经挖了三天了，看来真是一口枯井！唉！还是放弃吧……

是起着举足轻重的作用。很多时候，果断地放弃更是一种明智的选择。

但是，选择容易放弃难。当一个人一心想要追求某些外在的东西，比如金钱、地位等，往往会显得非常执拗，即使是遇到了"错误"警示，也从未想过放弃。殊不知，人生在世，鱼和熊掌不可兼得，而生活中很多人选择了"鱼"，却依然想着得到名贵的"熊掌"。在这样的思前想后之后，往往造成的后果是什么都没有得到。

所以说，我们要懂得适时的放弃，放弃那些已经力所不及的人生理想，放弃那些远离现实的生活目标。但是，对于事业的努力、生活的追求，我们则要不断地坚持。只有真正做到有的放矢，懂得坚持和放弃的"规律"，才能成为真正理智的人，才能真正走上成功的辉煌之道。我们不要认为放弃是弱者的表现，是失败的象征。因为一个人理智地放弃无法实现的梦想，放弃盲目的追求，是人生目标的重新确立，也是自我调整、自我保护的最佳方案。学会放弃，给自己另辟一条新路，往往会柳暗花明。

如果你以巨大的精力长期从事一项事业，但仍看不到一点进步、一点成功的希望，那就不必浪费时间了，不要再无谓地消耗自己的力量，而应该再去寻找另一片沃土。目标是一种方向，需要恰当地选择。假如你的一个目标发生了问题，应当马上更换一个目标，这样才能更好地挖掘你自己！

第四章

如何培养男孩的乐观力

心中是乐观的，世界就是美好的

21岁的时候，史蒂芬·霍金患上了卢伽雷氏症，也就是现在我们常说的肌萎缩性侧索硬化症。当时，医生已经正式地对霍金和他的家人说："如果能有奇迹的话，你还能再多活两年。这两年你就好好生活吧。"这个消息让霍金的家人顿时崩溃了。当时的霍金只有21岁，正值大好年华，他们实在难以接受这样残酷的事实。

然而，一向乐观的霍金却没有因为未来短暂的人生感到伤心。他对自己说："纵然我只有2年的时间，那我要将这两年过好，甚至创造自身的价值。"或许是霍金的乐观打动了天地，他创造了一个惊人的奇迹——他活过了2年，5年，10年，20年。时间一天天过去了，他的生命力却依旧旺盛，这样的现实让众多医学界的专家难以置信，更是对霍金创下的奇迹感到敬佩。

有一次，霍金去参加一次学术报告，在报告即将结束时，一位年轻的记者走上讲台。面对着轮椅上瘦小的身躯，面对着整个世纪的科学巨匠，他无比悲悯地问道："霍金先生，现如今的您被禁锢在轮椅上已经20年了，而且今后的人生中，您依然不能摆脱轮椅的禁锢，您是否对自己的命运感到愤慨？您难道不感觉您这一生失去了很多吗？"

这个问题非常犀利，全场热烈的掌声瞬间消失，报告厅里鸦雀无声。人们原以为霍金会因为悲惨的一生感到痛苦。但是，人们却看到，调皮的笑容爬上了霍金的脸。只见霍金用唯一还能动的手指在键盘上敲打着，宽大的屏幕上出现了一行醒目的文字："我的手指还能活动，我的大脑还能思维，我有终生的理想，我有爱我和我爱的人；我还有一颗感恩的心……"在场所有人都被霍金的话语感动了，全场再次掀起了雷鸣般的掌声。

有句话是这样说的："活着就好。"的确，人生在世，没有什么比活着更重要了，只要活着，奇迹就会出现。就像霍金一样，他没有被病魔打倒，他还活着：因为活着，他的思维飞向了神秘的黑洞；因为活着，他的大脑依旧能够"浮想联翩"，能够论证人世间的奥妙；因为活着，他才成为英国皇家学会最年轻的会员；因为活着，他成为"宇宙之王"……是的，一切都因为活着，霍金则用乐观的心态延续了生命，创造了奇迹，得到了美好的人生。

男孩应该懂得的道理

"积极的人像太阳，照到哪里哪里亮；消极的人像月亮，初一十五不一样。"相信没有人愿意做消极的月亮，都想成为照亮整个世界的太阳。那么，我们就要以乐观的心态看待世界。即使我们经常遭到"暴风雨"的袭击，只要怀揣积极的心态，就一定能够迎来雨过天晴的美好。就像史蒂芬·霍金一样，他用乐观延续了生命，创下了奇迹。只要我们始终保持乐观的心态，世界就会变得无比美好。

心智成长金钥匙

科学巨匠爱因斯坦说过："真正的笑，就是对生活乐观，对工作快乐，对事业兴奋。"面对生活的烦琐，面对工作的压力，面对事业的停滞不前，只要我们能够做到乐观、兴奋，同样也能拥有真正的快乐，能够在未来的日子里获得非凡的成就。

男孩们要始终相信"人定胜天"的道理，只有心态乐观了，才拥有了抵抗外力的能力。即使遇到再大的难题，即使面临着人生的悲惨，脸上只有始终洋溢着笑容，难题才能迎刃而解，悲惨的人生才会发生转变。

想想从小生活在黑暗中的海伦·凯勒，想想曾经因病瘫痪的富兰克林·罗斯福，想想失聪的贝多芬……作为四肢健全的我们，还有什么理由不乐观地面对人生的坎坷和困难呢？要知道，心态乐观了，看待世界的眼光也就变了。既然"黑夜给我们黑色的眼睛，我们就用它来寻找光明"吧。

首先，学会用积极的语言暗示自己。人生在世，不如意十之八九，当我们的心情陷入低谷的时候，当面对人生的重大失败的时候，我们要学会用积极向上的语言暗示自己，也就是心理学上说的"自我激励"。当无意间失去机会的时候，告诉自己"没关系，这次机会失去了，还有更多机会等着我，只要我下次不再犯这样的错误"。当人生面临失败时，告诉自己"我要重整旗鼓，再次站立，只要我坚持不懈地努力，相信成功一定会属于我的"。

其次，掌控思维，掌握方向。很多人都有这样的体会，当我们的内心想着不好的事情时，心情就会变得很糟，做什么事情都打不起精神，最后也不能将事情做好。但是，当我们想着一些开心的事情时，心情就会是"大晴天"，似乎做任何事情都很轻松。是的，人的快乐源自内心，心向快乐，生活就会充满快乐和幸福。因此，我们要掌握快乐的秘诀，掌控自己的思维方向。当思维偏离快乐的时候，懂得"扭转"思维的方向盘。

最后，认识到事物的两面性。世间万物都具有两面性，有好的一面也有坏的一面，在好的一面掺杂着坏的因素，坏的一面也掺杂着好的因素。要想让生活快乐幸福，要想保持客观的心态，我们就要坦然地面对一切好坏，不要片面地选择"好"，也不要沮丧地面对"坏"。

不要为打翻的牛奶而哭泣

作为荷兰19世纪的一名杰出画家，凡·高有着善良的本性，他经常会拿着自己的钱去救助那些需要帮助的人。那些被他帮助过的人都很感激他。然而，在凡·高年轻的时候，他是一个消极的人，曾经为了一件事伤心了很长一段时间。

那时候的凡·高刚刚二十出头，为了安抚社会上那些需要帮助的不幸之人，他到了一个矿区去担任教职。他每天和矿工们一样吃着最差的饭，睡着坚硬的地板。看着那么努力工作的凡·高，很多人的心中都很不服气，甚至产生了极度的忌妒。有一次，矿井发生了爆炸，很多矿工都纷纷往外跑，凡·高却在跑出来之后又跑回去了，为的就是救出一名被困在里面的矿工。

这件事情更是让很多教会人员感到内心不安，因此便借机将凡·高撤职。对此，凡·高非常不理解，之后的一段时间，他的内心都是沉重的，心灰意冷的他不知道该做什么，更不知道自己哪里做错了，教会要开除自己。为了这件事，凡·高经常会把自己关在房间里，不停地思索不幸的人生。

看着郁郁寡欢的凡·高，表哥看不过去了，他从外面冲到凡·高的房间里，并将一瓶牛奶狠狠地放在房间的桌子上。凡·高被表哥的行为吓了一跳："表哥，你要做什么啊？"

话音刚落，表哥就用手一推，牛奶洒了一地。"牛奶已经洒了，自然是喝不成了。无论我怎么懊恼，无论我多么伤心，它也不可能再回到完好的程度。如果我们想要喝，就要去重新取一瓶。"

表哥的一席话如同醍醐灌顶，凡·高似乎明白了表哥的用意，但依然一言不发。表哥继续说："你现在已经丢掉了工作，也就等于把牛奶打翻了，你整天郁郁寡欢，因为丢了工作而伤心，有用吗？没有用的，你要做的就是赶紧站起来，认清未来的人生方向。何必为打翻的牛奶而哭泣呢？"

此时的凡·高终于明白了，人生在世，不要"为打翻的牛奶而哭泣"。之后，凡·高的脸上终于露出了笑容，他决定学

习绘画，成为一名画家。是的，凡·高做到了，他成为后印象派的代表，是人类艺术史上的杰出人物。而在这条艰难的奋斗道路上，表哥的那句"不要为打翻的牛奶而哭泣"始终激励着他，让他勇于迎接挑战，战胜困难。

男孩应该懂得的道理

泰戈尔有一句名言："如果你因为错过了太阳而哭泣，那你注定要错过群星。"我们与其为过去的错误去懊悔，与其为失去的幸福感到惋惜，还不如重整旗鼓，擦干泪水，继续前行。当你失去一件东西的时候，用最短的时间忘记它的存在，时刻保持乐观的心态。这样才能在未来寻找到更多的幸福，才能追求到更多梦寐以求的东西，才能不让自己的人生留下更多的遗憾。

心智成长金钥匙

你是否为曾经的一次错误而感到懊恼？你是否因为没有得到想要的东西而感到伤心？你是否为过去的遗憾而怨天尤人？你是否因一次考试失利而自怨自艾……如果你的答案是否定的，那么，告诉自己"不要为打翻的牛奶而哭泣"，擦干脸上的泪水，你依然是一个坚强的人。如果你的答案是否定的，那么，恭喜你，在未来的人生中，只要你始终保持乐观的心态，定然能够取得非凡的成就。

要知道，过去已经成为历史，不能改写，沉溺于过去的错误和遗憾中，只会让我们失去成功的机会，浪费更多的时间和精力。面对过去，我们所要做的就是忘记，将精力和时间留给未来的人生。当然，要想真正乐观地面对人生，我们还要修炼以下几种"功夫"。

自信

李白曾经说过："天生我材必有用。"对社会来讲，每个人都有属于自己的位置，都扮演着各自不同的角色。遗憾和失败只是因为我们没有认清人生的方向，还需要继续追求未来的美好。

然而，面对生活中的失败和挫折，很多人却被卷进了痛苦的旋涡，终日生活在惋惜和懊恼中。殊不知，过去已然成为过去，昂首挺胸才是追求成功最为明智的选择。因此，男孩一定要具备自信，无论面对怎样的困难和挫折，无论经历多少次的失败，都能重新站立，重整旗鼓，再创辉煌。

自知

唯有自知，才能发现自身的优缺点，才能寻找到自信。或许我们的作文没有别人的好，但字体可能比别人优秀；或许我们的成绩没有别人好，但自控能力可能比别人好；或许我们的历史学得不好，但了解历史的兴趣可能比别人强……

总而言之，面对不自信的自己，面对他人的强势，我们要懂得反省，更好地认识自己，寻找身上的优点，寻找应有的自信。

用微笑埋葬痛苦，让快乐成为习惯

1980年的秋天，一个年仅16岁的男孩在朋友和家人的陪伴下，笑着离开了人世。男孩的名字叫奥斯托，是美国纽约附近一所中学的学生。奥斯托从小喜爱运动，从小学开始，他就加入了学校的足球队。后来，他成为学校足球队的主力队员。他曾经带领着学校的足球队打下了一场又一场漂亮的比赛，受到了教练和同学们的喜爱。

有一段时间，奥斯托感觉自己的左腿总是酸疼。起初他没有在意，只以为是运动过度所致。然而，不多久，奥斯托左腿的疼痛加剧了，这才去医院进行检查。原来，奥斯托患上了骨癌，要想保住性命，就必须选择截肢。

这个惊人的消息让家人和同学们都感到痛心：奥斯托是一个喜爱运动的孩子，没有了双腿等于要了他的命啊。就在众人为奥斯托感到痛心的时候，奥斯托的脸上却依然流露出笑容。手术完成后，奥斯托来到了学校，非常兴奋地对同学们说："你们知道吗？我打算在我的左腿上安一个木制的假肢，这样，我还可以将袜子用钉子钉在上面。这是多么有趣的事情啊。"

　　教练和同学们被奥斯托的乐观向上深深地打动了，大家拨开脸上的愁云，陪着奥斯托一起面对未来的人生。奥斯托更是没有因为失去一条腿、不能继续踢球而郁郁寡欢，他依旧像以前那样开心。为了和心爱的足球相依为命，奥斯托还请求教练让自己进足球队，负责管理工作。教练没有拒绝。从那以后，每到踢球的时候，奥斯托都会第一个来到球场，做好一切准备。

　　有一天，当所有球员都到了球场的时候，奥斯托却还没有来。后来大家才知道，奥斯托的病情复发了，体内的癌细胞已经扩散到全身。那天，所有人都没有心情踢足球，下课后，大家就直奔医院去看望奥斯托。

　　奥斯托看到往日的同学，笑着说："你们怎么来了，真是不好意思，我今天没有去布置球场。"此时的奥斯托脸色苍白，脸上却依然带着笑容，这让所有人的心都很痛。

　　一个月后，奥斯托的病情急剧恶化，那天，教练也来了。看到奥斯托，教练流下了眼泪："你是一个很优秀的孩子，老师相信你，一定可以好起来的。"奥斯托笑了笑："教练，您不用为我担心，我会永远和你们在一起的。"一周后，奥斯托离开了人世，他的笑容却永远留在了所有人心中。

男孩应该懂得的道理

过往的命运已成定局，想要逆转已然是天方夜谭。但是，选择什么样的生活态度却是任何人都能掌握的。有人选择了苦苦等待死亡的逼近，最后也只能痛苦一生；有人选择用微笑掩盖痛苦，却获得了美满的人生，体会到了快乐和幸福的真谛。人生在世，坎坎坷坷、荆棘藤蔓在所难免，男孩们要想快乐地过完一生，要想让幸福之花永开不败，就要学会微笑，乐观地面对此起彼伏的人生。

心智成长金钥匙

电视剧《笑着活下去》曾经赚取了很多观众的眼泪，该电视剧片头曲中有这样一句歌词："懂得微笑，人才不会，在困境中恐惧；懂得给予，我才知道，缘分冥冥中相遇。风会停，雨会止，笑着活下去。"的确，微笑能够驱赶内心的恐惧，微笑能治疗心灵的伤痛，微笑也能给予人面对挫折的勇气。人生的风风雨雨在所难免，但也有雨过天晴的日子。要想战胜困难，要想将挫折打倒，要想收获幸福快乐的人生，我们就要"懂得微笑"。

微笑犹如一剂良药，能够治疗身上的病痛；微笑如同清澈的河水，能够浇灌心田；微笑如同大海的灯塔，能够为航船指明方向……懂得微笑的人，不惧怕人生的坎坷，更不会因为一时的疼痛牺牲未来的美好。也只有这样的人，才能战胜人生，战胜自己，在漫长的人生道路上，采摘更加美丽的鲜花。

如果遇到一点儿困难，我们就如同天塌下来一样，那么，地平面也会在恐惧中上升；如果经历了一次失败，就认为自己是一个永远的失败者，垂头丧气，郁郁寡欢，那么，机会就会再次流失，失败就成了你"终生的伴侣"。

身为时代的新一代接班人，每个男孩都想成为一个有志之人，都想打造幸福快乐的人生，都想在幸福的花苞中茁壮成长。那么，我们就要学会微笑，让快乐成为一种习惯。当你考试没有考好的时候，对自己说："我下次一定要好好努力，一定要比这次考得好。"当朋友无意间伤害到你的时候，对自己说："他或许不是有心的，也或者是有什么苦衷，我们以后还是最好的朋友。"……

总而言之，男孩要谨记："只要笑一笑，没有什么事情过不了。"快乐源自内心，当生活充满微笑，当快乐成为一种习惯，我们的人生也会有很大的转变。即便遇到再大的困难，即便受到再大的伤害，我们依然能在微笑中找到自信，找到自我。

放下"比较"，活出自我

炎热的夏季总会给人们带来一丝困意，为了能够让讲台下的学生打起精神，老师问了大家一个问题："如果上帝能给一次机会让你们选择，你们下辈子会选择做什么样的人呢？"

问题刚一问出来，班上最调皮的一个小男孩站起来就说："我下辈子要做一个孤儿，不用被父母逼着来上学，不用受他们的管束。"这时候，班上其他同学也纷纷站起来回答这个问题，全场的气氛顿时变得活跃起来。对于老师提出的这个问题，每个人都有不同的答案。

有人说："我要做一个有钱人，穿好衣服，吃山珍海味，还能时不时地出外旅游。"

有人说："我下辈子要做一个残疾人，不管到哪里都能得到别人的帮助，就算出门乞讨，也会有人心甘情愿地进行施舍。"

有人说："我下辈子要做一个男人，可以没事的时候单独出去玩。最重要的，做男人，就不用被人欺负了。"

有人说："如果是我，我下辈子就做一个永远长不大的孩子，能够得到父母永远的爱。"

更有甚者，有人还说："我下辈子想做一头猪，什么事情都不用做，每天就是吃了睡，睡了吃，天天过着皇帝般的生活。不会像我现在这样，每天要做好多事情，想要玩一下，也会有人约束。"

……

听着学生们的答案，老师情不自禁地笑起来。就在教室的讨论即将结束的时候，普拉达站起来，大声地说："老师，如果让我选择，我下辈子还要做现在的我，哪怕是下下辈子，也是如此。"普拉达的话让全班变得鸦雀无声，在老师的带头下，响起了一阵掌声。

20年后，那些都不想再做自己的孩子仍然碌碌无为，生活在无休止的抱怨中，总想着得到自己得不到的东西，总梦想着能够有世事轮回。普拉达却不同，他一直在做自己，小时候是，长大后更是，在他看来，我就是我，无人代替。在几年的努力下，普拉达走上了经商的道路，成为远近闻名的富商。

男孩应该懂得的道理

俗话说："人比人，气死人。"如果总是习惯性地将自己和身边的人进行比较，心理就会失衡，总感觉自己这个不如别人，那个也不如别人。更有甚者，当比较成为一种恶习的时候，心中就会出现怨恨和忌妒，从而影响心情，甚至做出一些不理性的事情。所以，男孩要时刻保持乐观的心境，放下"比较"，活出自我，坦然地接受现在的自己，肯定现在的自己。

心智成长金钥匙

每个人都有自身的优点和缺点，每个人在人生的舞台上都扮演着不同的角色。这也就表明，每个人的人生价值不同，人生的使命也不同。如果我们总是拿自己去和别人比较，就会因为自身的优点而沾沾自喜，或者因为不如别人而感到自卑。这两种现象都是不好的，都会让我们的心情受到很大的影响。

一位知名的哲学家说过："一个人要想让自己的生活幸福快乐，就要做到不以物喜，不以己悲，放下比较的心理。"的确，比较会让人迷失前进的方向，错误地追随别人的脚步；比较会让自卑弥漫心底，没有继续前行的勇气；比较会让仇恨进入心底，做出一些不理性的行为……唯有放弃比较，唯有坚持自我，唯有坦然面对，才能让快乐驻足，让幸福永驻。

尤其是对处于懵懂时期的男孩来讲，我们常常会因为面子想要去超越一个人，想要成为心中的"别人"，甚至因为别人优越的条件埋怨身边的朋友和亲人。殊不知，你的埋怨无形间伤害了身边的朋友，长此以往，他们就会渐渐离去。因此，生活中，我们要努力做到以下几点，将比较的心理彻底纠正。

学会欣赏别人

要想进步，就要"取人之长，补己之短"；要想摒弃比较的心理，我们首先就要学会欣赏别人，用欣赏的眼光看待一切。欣赏不是比较，而是对他人的一种肯定；欣赏与比较无关，而是对他人的赞赏。当我们学会用欣赏的眼光看待他人的时候，就不会盲目地学习别人，更不会盲目地忌妒他人。没有了抱怨和忌妒的人生，还怕无法收获幸福的果实吗？

学会欣赏自己

"人贵有自知之明"，我们没有能力去做一些事情，去得到一些东西，就不要拿自己去和别人比较，更不要因为他人能够得到而心生怨恨。相反，我们要读懂自己，欣赏自己，无论做什么事情都量力而行。这样一来，就能平复心中的不满，体会到应有的成就感。

让幽默为快乐导航

　　艾森豪威尔，一个外表憨厚，大智若愚的人，曾经是西点军校的学生，是美国第34任总统。就是这样一位看似严肃的人，内心却有着无可比拟的幽默感，常常会让大家在快乐中有所收获。

　　1944年，艾森豪威尔还是欧洲战区的最高统帅，在罗斯福和丘吉尔之间周旋。最终取得了战争的胜利，成为第二次世界大战中的伟大英雄。事后，大家聚在一起谈到了领导统帅这个问题。大家都在用语言表达自身的观点，艾森豪威尔则是将一根绳子放在桌子上，拉住绳子的一头使劲推，绳子的另外一头没有动。接下来他将推改成了拉，绳子的另一头立刻就动了。这时候，艾森豪威尔才说："领导统帅就是这个意思，推是没有用的，而是要拉，以身作则，才能让大家心服口服地跟随你。"在场的人都笑了，并表示懂得了什么是真正的领导。

　　还有一次，艾森豪威尔在演讲完打算下台的时候，不小心摔了一跤，全场顿时间哄堂大笑。这时候，有一个士兵走上前去："将军，没事吧？受伤了吗？"艾森豪威尔说："能有什么事呢？没关系的，我相信这一跤比我刚才说的话更能鼓起大家的士气。"话音刚落，刚才笑得开心的士兵们停止了笑声，接踵而至的是雷鸣般的掌声。

大战后的艾森豪威尔会经常参加一些宴会。有一次，他和几个同人聚在一起进行演讲。当时，艾森豪威尔被排在了最后，轮到他时已经是深夜了，在场的几个人已经昏昏欲睡，没有任何的精气神了。

面对这样的情况，艾森豪威尔没有发脾气，也没有任何抱怨，他走到台上，非常知趣地说："大家都知道，演讲中要有句号才行，那大家就把我当作这次演讲的句号吧。"艾森豪威尔的一句话惹得大家笑了起来，刚才的困意全部消失了。

男孩应该懂得的道理

西方有句俗语是这样说的："没有幽默感的文章是一篇公文，没有幽默感的人是一尊雕像，没有幽默感的家庭是一所旅店，没有幽默感的社会是不可以想象的。"同样，没有幽默感的人生是不快乐的。幽默能够化解尴尬，幽默能够彰显智慧，幽默能够吸引他人的注意，幽默也是应对人生挫折的有力武器。因此，做一个懂得幽默、会幽默的男孩吧，不要让童年没有乐趣，也不要让人生没有快乐。

心智成长金钥匙

在众多喜怒哀乐的情绪中，幽默作为一种特殊的情绪表现，给人们带来了很多快乐，成为人们适应不同的环境，减轻自身压力的重要方法之一。有心理学家指出：幽默可以淡化一个人的消极情绪，可以消除内心的烦恼和痛苦，可以改变一人的性情，可以应对人生中不同的尴尬。因此，我们要学会幽默，让幽默化解生活中的烦恼，驱赶内心的偏执，做一个懂幽默的有希望的人。

幽默不是油腔滑调，不是能言善辩，也不是嘲笑讥讽。幽默是化解痛苦的工具，是带来希望的女神。俄国文学家契诃夫说过："一个不懂得开玩笑的人，是没有希望的人。"因此，我们要有意识地培养自己的幽默意识，做一个懂幽默、有风趣、有希望的男孩。从现在起，扬起"幽默"的船帆，让它为人生的快乐导航吧。

当然，幽默感的培养不是一朝一夕的事情，需要长时间的锻炼。

爱上学习，扩大自己的知识面

幽默不是随随便便的调侃，而是智慧的表现，要想更好地幽默，就要有丰富的知识基础。只有具备了宽阔的知识面，才能做到妙语连珠，才能在不同的场合做出最为恰当得体的比喻。这样一来，才能让幽默达到最佳的效果，才能让比喻幽默而不俗套。所以，我们要不断地为自己充电，广泛涉猎，从浩瀚无边的书海中汲取更多幽默的营养，从金碧辉煌的黄金屋中捡拾幽默的珠宝。

提高洞察力，培养敏捷的思维

"慢半拍"的幽默叫搞怪，不恰时机的诙谐只能是诋毁。唯有迅速地捕捉事物的本质，并迅速地做出幽默，才能真正地恰到好处，才能发挥幽默的"功能"。因此，我们要着重地培养洞察力，拉开想象的帷幕，推开智慧的大门。

学会宽容他人

幽默是宽容精神的最佳体现。一个不懂得宽容的人，在面对尴尬时，会表现出生气、愤怒。这种人的身体里永远没有"幽默细胞"，他们不懂得用幽默化解尴尬，不懂得用幽默表现大度，自然也就无法得到别人的认可，也无法体会到宽容过后的释然和快乐。

乐观开朗：男孩一生最宝贵的财富

迪翁是美国著名的潜能开发大师。他的演讲富有激情，极具感染力，总是能够调动起人们的积极性和自我开发的潜能。

在演讲中，迪翁经常用一句话来激励人们进行积极思考："任何一个苦难与问题的背后，都有一个更大的幸福！"这是他的招牌话，因为常常挂在嘴边，就连他唯一的女儿，在很小的时候都可以朗朗上口地附和他这句话。

一天，厄运突然降临了，当时迪翁正在准备在韩国的一场演讲，突然接到一个来自美国的紧急电话：他的女儿发生了一场意外，被送进医院进行紧急手术，有可能要切除小腿！听到自己的掌上明珠出了这样大的事故，迪翁立刻感到痛心不已，心烦意乱的他无法再继续进行课程，决定火速赶回美国。

当看到躺在病床上的女儿被切除了一双小腿时，迪翁心如刀绞，情绪一下子坠入万丈深渊。这是他生平头一次发现自己的嘴巴不听使唤了，笨嘴拙舌的不知该如何来安慰这个热爱运动、充满活力的小天使！

然而他的女儿似乎并没有因为这次事故影响自己的好心情，她察觉爸爸的情绪低落，于是笑着对爸爸说："爸爸，你不是常说，任何一个苦难与问题的背后，都有一个更大的幸福吗？你不要难过呀！这或许就是上帝给我的另一个幸福呢！"迪翁听罢，无奈又激动地说："可是，你的脚……"女儿非常懂事地说："爸爸你放心，脚不行，我还有双手可以用呀！"

听女儿说出这样的话，迪翁虽然有几分心酸，可也觉得非常欣慰。

女儿出院以后，虽然装上了假肢，但依然无法像正常的孩子那样跑跳自如，只能缓步走路。可是两年后，女儿升入中学，再度入选了垒球队，并且成为该队有史以来最厉害的全垒打王！因为她的腿无法走路，就每天勤练打击，强化肌肉。因为她很清楚，如果不打全垒打，即使是深远的安打，都不见得可以安全上垒。所以唯一的把握，就是将球猛力击出底线之外！

迪翁的女儿是一个乐观开朗的女孩，在最艰难的时刻，她留给人们的依然是灿烂的微笑。爸爸迪翁的那句话已经深深地烙在了她的脑海里，她相信"任何一个苦难与问题的背后，都有一个更大的幸福"，于是，灾难变得不再可怕，再大的痛苦在她面前也变得不值一提了。

男孩应该懂得的道理

我国早期革命家、散文作家瞿秋白说："如果人是乐观的，一切都有抵抗，一切都能抵抗，一切都会增强抵抗力。"乐观是希望的明灯，指引着你从黑暗的峡谷走向光明坦途，使你获得新的生命、新的希望。面对生活中的每一次转变，乐观的性格有助于形成走向成功的机会；乐观的心态有助于理想和目标的实现。对于任何一个人来说，这是比什么都重要的财富。

心智成长金钥匙

在男孩心理素质和性格形成的过程中，乐观是一个必不可少的基本因素。在男孩的一生当中，乐观具有极其重要的意义：它是引导男孩采取行动的强烈动机，它可以为男孩提供克服困难、战胜挫折的勇气和力量。一个乐观开朗的男孩，无论面对什么样的境遇和生活，都有能力重新开始，即使身处地狱之中，也能重新走入天堂。

也许有些男孩天生就比较乐观，而有些男孩则恰恰相反。但心理学家经过研究发现，乐观是可以通过后天培养的，即使男孩天生不具备乐观的性格，也可以通过后天的努力来实现。

第一，要经常要求自己完成力所能及的任务，使自己体验到"成功"的快乐。对于任何一个男孩来说，他心中最大的快乐莫过于完成任务后的满足感和自豪感了，因此，男孩要自觉要求自己，争取使自己在完成学习、工作的任务中，或在游戏活动中体验到"成功"的愉快心情。

第二，男孩一旦有了不愉快的事情，要想方设法尽快消除自己的不良情绪，恢复愉快的心境。具体方法有：想办法唤醒自己愉快的记忆，比如可以多回忆一些快乐的时光，以冲淡眼前的不快，恢复平时乐观的心情；用微笑面对生活，随时保持思想的愉悦，比如可以多想想个人的梦想和奋斗目标，多树立一些远大的理想和追求，在比较中你就会觉得眼前的困难和挫折根本算不了什么；尽量忘掉不愉快的事情，远离忧郁和烦恼，比如提醒自己尽量正确地对待所遇到的挫折和不如意、所受到的不公平待遇和委屈，在任何时候都要笑对人生。

第三，要以宽容的心态对待身边的每一个人、每一件事，要珍惜来之不易的友情，对别人少苛求，对他们的缺点、错误和失败要多加宽容，对他们的行为要寻求尽可能的最佳解释，这样自然能减少很多麻烦，保持心情舒畅。

第四，学会倾吐和交流，学会坦诚地接纳自己，坦然地面对现实。能够坦然面对自己和生活中的一切，并学会把心中的不愉快向人倾诉，是保持心情舒畅的最佳途径。

总而言之，决定一个人快乐的关键是心态，一定要清楚地认识到，良好的心态是自己改变命运、赢得快乐的最有力的法宝。男孩的幸福指数在很大程度上取决于自己的心态。有什么样的心态，就有什么样的人生。乐观开朗的心态是男孩一生最宝贵的财富！

第五章

如何培养男孩的学习力

做好细节，才能成就大事

这个著名的传奇故事出自英国国王理查三世逊位的史实。1485年他在波斯沃斯战役中被击败，莎士比亚的名句："马，马，一马失社稷！"使这一战役永载史册。这个故事同《国王阿尔福雷德和蛋糕》的故事相得益彰，告诉我们小的疏忽会带来大的灾难。

国王理查三世准备拼死一战，里奇蒙德伯爵亨利带领的军队正迎面扑来，这场战斗将决定谁统治英国。战斗进行的当天早上，理查派了一个马夫去备好自己最喜欢的战马。

"快点给它钉掌，"马夫对铁匠说，"国王希望骑着它打头阵。""你得等等，"铁匠回答，"我前几天给国王全军的马都钉了掌，现在我得找点儿铁片来。""我等不及了，"马夫不耐烦地叫道，"国王的敌人正在推进，我们必须在战场上迎击敌兵，有什么你就用什么吧。"

铁匠埋头干活，从一根铁条上弄下四个马掌，把它们砸平、整形，固定在马蹄上，然后，开始钉钉子。钉了三个掌后，他发现没有钉子来钉第四个掌了。

"我需要一两颗钉子，"他说，"得需要点儿时间砸出两颗。"

"我告诉过你我等不及了，"马夫急切地说，"我听见军号声了，你能不能凑合凑合？""我能把马掌钉上，但是不能像其他几个那么牢固。""能不能挂住？"马夫问。"应该能，"铁匠回答，"但我没把握。""好吧，就这样，"马夫叫道，"快点，要不然国王会怪罪到我们俩头上的。"

　　很快，这匹马上了战场，理查国王在军队中冲锋陷阵，鞭策士兵迎战敌人。"冲啊，冲啊！"他喊着，率领部队冲向敌阵。远远地，他看见战场另一头自己的几个士兵退却了。如果别人看见他们这样，也会后退的，所以，理查策马扬鞭冲向那个缺口，召唤士兵掉头战斗。

他还没走到一半，那个没有被钉牢的马掌就掉了，战马跌倒在地，理查也从马背上跌落下来。国王的这一动作，使士兵们的锐气大减，他们纷纷以为自己的国王已经败下阵来了，于是，纷纷转身撤退。很快，敌军就包围上来了。最后，理查被俘虏了，战斗结束了。

从那时起，人们就说：少了一个铁钉，丢了一个马掌；少了一个马掌，丢了一匹战马；少了一匹战马，败了一场战役；败了一场战役，失了一个国家。所有的损失都是因为少了一个马掌钉。

男孩应该懂得的道理

戴维·帕卡德曾经说过："小事成就大事，细节决定完美。"要想成功，就要将每一件面临的事情做好，不管是小事，还是大事，都不能忽视，要拿出百分百的激情和能力去完成。也就是说，把握细节是成功的前提，一个不能将细节做好的人，永远不可能获得成功，取得非凡的成绩。男孩一定要养成注重细节的好习惯，处理好生活和学习中的每一件小事，在未来的人生中才能更好地为人处世，才能通过小事和细节成就成功。

心智成长金钥匙

一只老鼠何以杀死一头偌大的大象？一颗钉子何以毁灭一个国家？这一切，都向我们证明了一个道理：细节决定成败。老子说过："天下难事，必作于易；天下大事，必作于细。"任何事情都不是一蹴而就的，要想解决难事，就要从容易的事情慢慢发展，要想成就大事，首先就要将每一件小事做好。

细节是平凡的，是不易被人们发现的。它可以是一句不经意的话语，可以是一个随意性的动作，却发挥着巨大的作用。英格兰那首著名歌谣（少了一枚铁钉，掉了一只马掌，掉了一只马掌，丢了一匹战马，丢了一匹战马，败了一场战役，败了一场战役，丢了一个国家）说的就是这样的道理。

一个不懂得注重细节的人，很难发现工作中的微小错误，任何事情对他们来讲，似乎都没有"成功"重要。殊不知，恰恰是生活中那些不起眼儿的小事，可能就是成功的关键，如果能够做好，那么，成功便指日可待。

然而，现实生活中却有很多这样的人，他们做事敷衍，认为只要不被别人发现就行。"小事不想做，大事做不了"就是他们最真实的写照。这样的人，很容易失去成功的机会，成功对他们来讲，就是"白日做梦""天方夜谭"。

如果你想在未来的人生道路上成就一番事业，如果你不想成为他人登上成功巅峰的垫脚石，如果你也有梦想，也想实现梦想，那么，男孩们，从现在开始，抓住细节吧，不要"当一天和尚撞一天钟"；否则，你的人生只会沦于平庸，你也将永远生活在失败的世界。

学习要具有创新意识

春秋战国时期，秦国有一个技艺精湛的相马专家，他的名字叫孙阳。只要是从他眼前过去的马，他一眼就能看出那匹马是好马还是坏马。因此，人们称孙阳为"伯乐"。为了能够让自己识马的技艺得到传承，孙阳花费了很多时间将识马的本领总结成了一本《相马经》。在这本书中，孙阳不仅讲述了一些识马的技巧，还画上了不同马的图像。

孙阳有一个儿子，他从小就为父亲能够认识所有的马感到好奇。长大后，他更是想成为父亲的继承人，成为第二代"伯乐"。所以，他就开始研读《相马经》，并将书中的所有识马技巧背得滚瓜烂熟。有一天，儿子兴高采烈地走到孙阳身边："《相马经》我已经钻研透了，您的相马本领我也已经全部领悟了。我可以成为您的继承人了吗？"

听了儿子的话，孙阳笑了笑："那好吧，孩子，既然你说自己已经全部钻研懂了，那你就去寻找一匹千里马回来吧。"

见父亲没有阻止自己，儿子洋洋得意地满口答应了。带着父亲的《相马经》，带着对相马技术的自信，他踏上了寻马的征程。一路上，儿子的口中一直在念叨："千里马的额头是凸起的，双眼也是凸起的，四个马蹄就像垒起的酒药瓶子。"根据这

有时候阻碍我们成功的主要障碍，不是我们能力的大小，而是我们自我设限，缺乏创新精神！

些条件，儿子一边走一边找。他一路上见到了很多动物，但很多都是只符合一个条件的，有的甚至连一个条件都不符合。

儿子有些失意，垂头丧气地一屁股坐在了池塘边休息，再次翻开《相马经》仔细阅读。突然"咕，咕，咕……"的声音传到了他的耳边。定睛一看，原来是一只癞蛤蟆。儿子发现，眼前的这只动物额头凸起，眼睛外凸，只是没有酒药瓶子似的蹄子。但是想想，这么多动物中只有这只最像，他便将癞蛤蟆包起来，兴致勃勃地回家了。

回到家，他高兴地对父亲说："您说的千里马实在是不好找啊，我找了很多，却没有一个能够和条件相符的。最后我好不容易才找到了一匹，只是它没有书上说的酒药瓶子似的蹄子。您看看，鉴定一下吧。"说着，儿子就将包裹中的癞蛤蟆放了出来。

当孙阳看到眼前的癞蛤蟆，不禁笑了起来："儿子，你找到的'这匹千里马'不会跑，不会跳，你可能驾驭不了啊。"接着，父亲又说："要想学习相马的技术首先要懂马，认识马，你这样生搬硬套书中的知识，片面地寻找，肯定是找不到真正的千里马的。"

男孩应该懂得的道理

孙阳的儿子误将癞蛤蟆当成千里马，看上去似乎有些夸张，却是现实生活中"按图索骥"的真实写照。很多男孩在学习中，同样也喜欢生搬硬套，百分之百地相信书籍，并死背教条。结果也闹出了很多笑话，甚至给自己造成一定的损失。因此，无论是在学习中，还是在生活中，男孩们一定要摒弃照猫画虎的坏习惯，要懂得创新，懂得将理论和实践进行严密的结合。尤其是在学习上，更要懂得理性地对待书中的知识和教条，不要将自己封锁在教条的牢笼中无法自拔。

心智成长金钥匙

何为创新？创新就是在原有基础上进行"想象"，走一条与别人不同的道路。创新对时代的发展、社会的进步、人类的提升有着举足轻重的作用。

美国著名的石油大王洛克菲勒说："如果你要成功，你应该朝着新的道路前进，不要在被踩烂了的成功之路前行。"的确，一个不会创新的人，只懂得跟随他人成功的脚步前行，这样的人永远找不到自己的人生方向，也很难创造出非凡的成就。

学习中同样是这样，一味地生搬硬套书上的知识，那么，我们很难学习到真正的知识，也很难找到捷径，通往成功。

所以说，在学习的过程中，男孩一定要懂得创新，有意识地增强自己的创新意识。只有这样，才能轻松地学习，快乐地学习，才能在未来的人生道路上，勇于创新，创造属于自己的人生之路。那么，男孩要怎样培养自己的创新意识呢？

首先，克服依赖感。很多男孩在学习过程中都有依赖感，即使自己有新的想法，他也会因为依赖而使灵感消失。如此一来，便很难抓住机遇，最终失去创新和成功的机会。所以，在平日的学习中，男孩一定要勤于思考，克服自己的依赖感，养成勤奋好学的好习惯。

除此之外，要多问为什么。在"为什么"的疑问中我们能够发现很多新问题，在寻求答案的过程中，我们能了解到更多书本上学不到的知识。所以，男孩要克服懒惰的心理，多问"为什么"，养成勤学好问、爱思考的好习惯。

勤学好问是通往成功的阶梯

"自然科学的诞生要归功于伽利略,他这方面的功劳大概无人能及。"这是著名科学家霍金说过的一句话,他对伽利略的评价非常高。就连人类伟大的思想家恩格斯也这样评价伽利略:"不管有任何障碍,他都能不顾一切地打破旧说,创立新说,成为创立新说的巨人之一。"那么,伽利略何以能够赢得这样高的评价呢?事实证明,这一切都归功于伽利略的勤学好问。

在伽利略很小的时候,他就会问爸爸妈妈一些非常奇怪的问题,常常让父母不知如何作答。上学后,他也总是向班上的老师提出很多难以解答的问题。总而言之,只要自己心中有疑问,他就一定会问个水落石出,否则他绝不善罢甘休。

在伽利略17岁那一年,他就曾经让教授哑口无言。那时候,比罗教授正在给学生们讲胚胎学。比罗教授这样比喻:"生男孩儿和生女孩儿是由父亲决定的,如果父亲的身体比较强壮,那就生男孩儿;如果身体比较瘦小,那就生女孩儿。"

全班同学都为知道了这样一个"生男生女"的小秘密而感到高兴。伽利略却站起来:"教授,我有问题要问。"

其实,所有老师都怕给这个班级上课,原因就是这个班上有伽利略。比罗教授虽然不介意学生问问题,但不喜欢别人打断

100

自己的话："你先坐下，有问题等会儿再说，你的问题实在太多了。作为一名学生，你应该认真听课，做好笔记，不要这样胡思乱想。"

伽利略似乎没有听懂比罗教授的话。他接着说："我没有胡思乱想啊，我有问题，当然就要问您了。"还没等比罗教授说话，伽利略又说："您刚才说的生男孩儿和生女孩儿由父亲决定。但是，我有一个邻居，他的身体非常强壮，他的妻子已经接连生了5个女孩儿了。我认为这个事实和您刚才说的那些不相符合，您能帮我解释一下吗？我很想知道。"

对于伽利略的提问，比罗教授定然不能闭口不答。他于是搬出以往的一些理论说什么这个理论是根据希腊学者亚里士多德的观点得出来的，是不会出错的。但伽利略却不能信服："什么叫作科学呢？我认为，最起码的一点，就是要与事实相符，否则就不能称作科学。"

伽利略的这番话让比罗教授不知如何作答，顿时变得哑口无言，随后才挤出几个字："你就在课堂上捣乱吧。"

其实，伽利略不是捣乱，而是在追求一种真理。也正因为他的勤学好问，才让他成为一代著名的科学巨匠，成为"近代科学之父"。

男孩应该懂得的道理

学习是一辈子的事情，我们要"活到老，学到老"。勤学好问则是让人变聪明的重要法宝。在学习过程中，我们能了解更多的领域；在问答的过程中，我们可以增强智慧。因此，在日常生活和学习中，心中有疑问就要及时地提出，寻求正确的答案。不要因为害羞，也不要因为轻信权威而生搬硬套。否则，我们就会失去很多表达自己观点的机会，也就失去了更多走向成功的机会。为了更加聪明，为了更加智慧，男孩们，让自己养成勤学好问的习惯吧。不要让一个个疑问在心底腐烂，也不要让以往的真理捆绑你的心灵。

心智成长金钥匙

　　韩愈说过："业，精于勤，荒于嬉；行，成于思，毁于随。"他旨在告诉世人，要想成功，要想拥有一番事业，勤奋和思考是必要的条件。

　　知识如同浩瀚的海洋，永远没有干涸的一天。一个人即使绝顶聪明，一生都在学习，临死之前也定然有很多无法得到答案的问题。所以说，男孩一定更要养成勤学好问的习惯，以获取更多的知识。

　　或许年幼的我们还无法认识到知识的重要性。但是，每个人心中都有梦想，有的人想成为科学家，有的人想成为文学家，还有的人想成为心理学家。这就要求我们不断地为自己积累知识，就像爱迪生一样。虽然自己只上了三个月的学，虽然自己被称为低能儿，但为了心中的梦想，他依然坚持不断地学习，成为一个聪明的人，最后才成就了辉煌的一生。

　　爱迪生用行动告诉我们学习的重要性，伽利略也用行动告诉我们勤学好问的重要性。孔子也说过："知之为知之，不知为不知，是知也。"意思就是说懂就是懂，不懂就是不懂，这才是真正的智慧。人生在世，我们不懂的东西很多，一味地"打肿脸充胖子"，是愚者的行为，永远不可能变得智慧，更不可能走向成功。

因此，男孩在遇到不懂的问题时，要放下面子，不要不懂装懂；要及时地为心中的疑问寻求答案，不耻下问，不要让疑问在心中腐烂，侵蚀你的智慧。

学习不要盲目相信权威

巴顿的父亲是一艘轮船的掌舵者，受到父亲的影响，巴顿从小就对轮船产生了浓厚的感情。平日没事时他都会嚷着让爸爸给他讲述轮船上的事情。他上学识字后，还经常拿出父亲的《掌舵全书》，从中他学到了很多东西。

面对巴顿的好学，父亲非常欣慰，即便自己筋疲力尽，只要是巴顿说要学习什么，他都会支撑着身体给巴顿进行讲解。在巴顿17岁时，他就已经把父亲的《掌舵全书》倒背如流。在他20岁时，父亲第一次带他来到了海上，也正是这一次出行，让巴顿的心中燃起了掌舵的欲望。他恳求父亲："爸爸，你能让我来掌舵吗？我想试一下。"

巴顿的话音刚落，父亲就说："不行，你现在还没有任何经验，等以后吧，爸爸慢慢告诉你掌舵中需要的基本技巧。"然而，巴顿却没有死心，一心想着成为一艘轮船的掌舵者。

于是，在父亲不知情的情况下，巴顿去参加面试。当面试官看到年幼的巴顿时，说："你就是一个小孩儿，能会什么，赶紧回家去吧。"巴顿却不以为然："我不是小孩儿了，我能做的事情很多，我现在就能够成为一名真正的轮船掌舵者，不信你可以考考我，我什么都知道。我从小就开始学习如何掌舵了，我的父亲就是一名轮船的掌舵者。"

见巴顿如此自信，面试官便真的出了几个难题让他回答。本想让巴顿知难而退，却不想，巴顿居然能够非常顺利地回答所有问题。最后，巴顿成功了，终于成为一名掌舵者。

那是巴顿第一次掌舵，在上船之前，他很自信地说："你们放心吧，我一定能够很好地掌控轮船的，要知道，我可是学习了很多相关的知识，我相信自己。"然而，这一次航行后，巴顿再也没有回来，因为在航海中他遇到了暗礁。当时，巴顿按照父亲的《掌舵全书》上所讲的方法进行掌控，却依然没有躲过这次劫难，巴顿和全部船员都葬身大海。

男孩应该懂得的道理

社会在发展，时代在进步，这也就表明以往的一些理论不一定能够解释现今社会的一些问题。纸上谈兵的学习方法已经不能够被现实所用，男孩在学习时一定要懂得思考，只有这样，才能

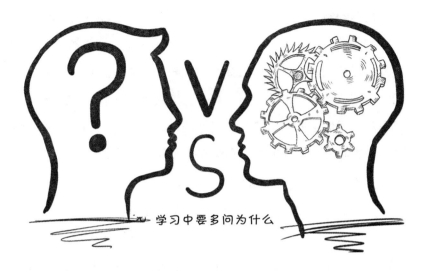

学习中要多问为什么

发现更多新奇的东西，才能在借鉴前人知识的基础上提升自己，更上一层楼。

心智成长金钥匙

世间万物都是全面的、发展的。这就要求人们用发展的眼光看待一切，做任何事情都要懂得具体问题具体分析。生搬硬套的学习方法和处世态度已经不能让一个人在不断发展的社会上立足，也不能实现心中的梦想。

现如今的社会有很多这样的男孩，一味地相信书本，相信老师，即使自己得到了错误的答案也浑然不知。而在下次遇到同样问题的时候，便会采取以往的方法和方式解决。可想而知，这样做的结果就是无法解决根本的问题，无法达到预期的效果。就像战国时期的赵括一样，纵然自己了解了诸多兵法，能够在嘴巴上解决很多问题，但结果依然是纸上谈兵，成为战场上的牺牲品。

挪威著名的剧作家易卜生说过："社会犹如一条船，每个人都要做好掌舵的准备。"假如我们一味地将掌舵之位交予他人，完全地相信那些所谓的权威，那么，即便他人将我们带到了错误的地方，我们也无法察觉，更不要说开创属于自己的天地了。因此，男孩们更要掌握更多"掌舵的技巧"。

要懂得多问"为什么"

很多人在学习的时候，喜欢背诵书中的知识，牢记书中的定律，从来没有想过为什么会那样。殊不知，"尽信书不如无书"，书上的知识并非完全正确，并非完全能够利用到现实中。因此，在学习的过程中，我们要懂得问自己"为什么"，问老师"为什么"。

大胆地质疑权威

面对权威，很多人都会选择听从，选择完全相信。就如同很多男孩选择完全地相信书本、相信老师一样。这样的做法是不明智的，生活在纷繁复杂的社会，面对飞速前进的时代，如果不具备"质疑"的胆量，盲目地相信权威，那么，你的一生都会变得昏暗，不会有任何成就，更见不到生命的曙光。

将理论和实践相结合

推理题是数学上常见的题目，权威同样也需要不同的推理。面对诸多权威，我们不要盲目相信，要懂得选择，相信对的、符合实际的理论。而要想确定权威的真正内涵，需要我们将理论与实践相结合，在结合中发现蹊跷，找出不同，并提出自己的看法。

阅读，让你走进智慧天堂

　　和煦的阳光照在麦克的脸上，他正坐在院子的摇椅上看书，一头银白色的头发在阳光的照耀下闪闪发光。麦克的脸上已经爬满了细纹，岁月在他的脸上留下了痕迹。对麦克来讲，他是幸运的，是幸福的，更是热爱阅读的。在他的一生中，他每天都会抽出3小时时间去阅读各类书籍，他上知天文，下知地理。曾经他还是一名杰出的作家，写了很多作品。每每看到这位富有内涵的老人，每每读到老人曾经写下的豪情壮志和沁人心脾的话语，没有人会想到，麦克连小学都没有毕业。那么，麦克又是怎样写出这样优美的言辞的呢？他凭借什么能够将两个儿子培养成博士的呢？麦克的回答是："我喜欢阅读，是书籍让我走进了梦的天堂，是书籍给予了我更多智慧。"

　　每每谈到老父亲，两个儿子也会异口同声地说："父亲非常喜欢读书，我们家的书房堆满了父亲读过的书，从小父亲就教导我们，'书中自有黄金屋'，让我们多读书，才能增长智慧。"

　　是的，麦克是一个喜欢读书的人。13岁的时候，麦克因为家庭困难放弃了自己的学业，开始和父母学习种地，年纪大了一些，又跟随村里人外出打工。放弃学业是麦克不想的，外出打工的日子对麦克来讲，更是难熬。但是，麦克知道，自己不能放弃生活，更不能放弃美好的前途。一次偶然的机会，麦克在街上看到一个专门卖书的摊子。出于好奇，麦克走了过去，拿起一本书便开始读，他清楚地记得，那时候自己选择的是《大英百科全书》。当麦克读完第一页的时候，他就被深深地吸引了，对那本书爱不释手。

于是，麦克便决定，用自己半个月的工资将这本书买走。但是，对于刚刚读完小学就辍学的麦克，他要想将书中的知识完全消化实在困难。为了让自己更好地理解字里行间的真正含义，麦克还专门买了一本字典。

从那以后，麦克爱上了读书，甚至还会在读完每本书后写下

男孩要从小养成阅读的好习惯，从书籍中寻求一丝静谧。

读后感。渐渐地，麦克的文采也变得更好了，耳濡目染间，他也能写出很多优秀的作品。于是，在每次下班后，麦克都会进行创作，并向出版社投稿。直到有一次，麦克的文章得了奖，他便决定永远与书为伴，从此踏上了创作之路。

男孩应该懂得的道理

英国著名戏剧家莎士比亚曾经说过："人的美丑是先天带来的命运，有没有素养则是书籍带来的命运。"男孩一定要知道"读史使人明智，读诗使人灵秀，数学使人精密，科学使人深刻"……阅读可以提高一个人的素养，可以给予人一定的智慧。很多时候不是世界太过复杂，而是我们不懂得如何应对。因此，我们更要爱上阅读，汲取知识，增长智慧，从而让自己的生活更加有意义，让自己的未来更加美好。

♥智成长金钥匙

微软创始人比尔·盖茨说过："如果不能成为优秀的阅读家，就无法拥有真正的知识。我直到现在依然每天都要坚持阅读一小时，周末时我则会用大部分的时间去阅读。这样的阅读，让我的眼界更加开阔，让我有了更大的成就。我坚信，是阅读让我有了更多的智慧，是阅读成就了现在的我。"比尔·盖茨的一番话告诉我们，阅读是通往智慧天堂的一把金钥匙，阅读是走向成功的重要途径，更是获取知识的源泉。一个人要想成功，要想成就非凡的人生，要想收获人生的果实，首先就要懂得阅读。

现如今，很多男孩总会以"一看到书里面密密麻麻的字就头疼"为由不去读书，而父母也总是以"不想委屈孩子，男孩吗，经常扎在书堆里也不好"的理由放纵男孩。殊不知，一个渴望成功的人要想实现心中的理想，就必须要在书海中汲取养分，增长智慧。"凡是喜欢读书的人，一定能读出字里行间的'乾坤大法'；凡是厌恶读书的人，一定走不出心中那个狭小的天地。"

的确如此，纵观古往今来的有志之人，无论是科学家，还是发明家、文学家，甚至音乐家，他们的成功都离不开书籍，离不开对书籍的热爱。对他们来讲，书籍是生命的源泉，书籍是知识的海洋。

所以说，男孩要从小养成阅读的好习惯，从书籍中寻求一丝静谧。或许年幼的我们还无法真正运用书籍中的大量知识，但是，量的积累会有质的飞跃，在未来的某一天，我们就会发现，自己的智慧已经更上一层楼了。

合理安排时间，成就男孩一生

爱迪生一生的成就很多，他带领人们走进了"光明时代"。然而，却很少有人知道，爱迪生其实只上过3个月的学。他曾经还被认为是低能儿并被赶出了学校，受到很多人的蔑视。后来的爱迪生之所以能够取得巨大的成就，之所以能够获得如此多的知识，都要归功于爱迪生的母亲。从小到大，母亲对爱迪生谆谆教诲，耐心地教他识字，教他做人做事的道理，这才让"低能儿"成为著名的科学家，成为举世闻名的"发明大王"。

或许是因为自己没有接受过学校的教育，也或许是因为自己没有更多地规划学习，他一直以来都很珍惜时间，他从不将时间浪费在不必要的事情上。他曾经说过："浪费，人生最大的浪费莫过于浪费自己的时间。"在和助手一起工作的时候，他也总是教导助手："人生其实真的很短暂，我们要想活出精彩，就要多想办法，用最少的时间去做最多的事情。"

有一天，爱迪生和助手正在实验室工作。他递给在一旁帮忙的助手一个空的玻璃灯泡："你量一下这个灯泡的容积是多少。"接到命令，助手便开始忙碌起来，他仔细地将灯泡的形状进行一定的分割，并用标尺量出每一处的长宽高，还不停地在纸上进行记录和计算。半小时过后，助手还没有算出灯泡的容积。

当爱迪生走过来问："量出来了吗？把数据给我报一下。"这时候，助手才唯唯诺诺地说："我，我还没有算出来呢，这个灯泡的形状太奇怪了。"爱迪生没有说什么，而是接过灯泡，往灯泡里面加满了水，然后将水倒入量器中，不到10秒钟的时间，爱迪生就准确地得到了灯泡的容积。

爱迪生的一系列做法让助手目瞪口呆，进而便低下了头。爱迪生对他说："这不是很简单的事情吗？你何必要花费这么多时间去测量，去计算呢？"接着，爱迪生还对助手说："人生非常短暂，每天也只有24小时，我们一定要懂得节省时间，更要懂得为时间做一定的规划。这样，才能让自己的人生更加充实，更加成功。"

男孩应该懂得的道理

"时间是最不偏私的，它给予每个人每天都是24小时；时间也是最偏私的，它给予每个人每天的都不是24小时。"这句话是英国著名的博物学家托马斯·赫胥黎说的。他旨在告诉人们，如果懂得珍惜时间，合理安排时间，那就会感觉时间非常充足，能够去做更多自己想要做的事情。这也就告诉人们，面对每天的24小时，一定要有合理的规划，在特定的时间去做特定的事情。不要"眉毛胡子一把抓"，有什么事情就做什么事情，这样只会让你的生活变得"一团糟"，纵然一天有48小时，你也感觉不够用。

心智成长金钥匙

我们总会听到很多男孩发出这样的抱怨："每天的学习任务实在是太重了，我根本没有时间去发展自己的兴趣爱好。""一天怎么才24小时呢？实在太短了，我每天写完作业，打完球，天就已经黑了，想做其他事情根本不可能。""我每天连预习功课的时间都没有，怎么能跟上老师的进度呢？我学习不好真的不能怪我。"……

难道一天24小时真的不够用吗？那么，那些优秀的男孩又是怎样做到的呢？认真观察那些轻松生活和学习的人，就会发现，面对一天的24小时，他们会做出非常详尽的规划，按部就班地做事情。最后，不仅能在规定时间内完成任务，还有很多空闲时间让自己全身心地放松。

事实就是如此，不是上天给予我们的时间不够，而是因为我们在做事情时浪费了太多时间。很多时间已经悄然流逝，这才带给我们一种错觉——时间太少，无法做更多的事情。

男孩们一定要懂得这样的道理，摒弃浪费时间的坏习惯，从现在起，对自己的时间做一定的规划。比如，为自己制订学习计划表，制订每天利用时间的规划（什么时候吃饭，吃饭用多长时间等）。这样一来，时间便不会再从指尖溜走，你也就会有更多时间去做事情了。但是，在制订时间计划表时，一定要做到以下两点。

时间计划要具体化

很多人在制订时间计划时非常笼统，只是说上午做什么，下午做什么。这样的计划和没有计划基本上没有区别，起不到任何效果。因此，在制订时间计划的时候，一定要将某一段时间具体到某一件事情上。比如，9点到10点学习什么，10点到11点做什么等。只有这样，我们才能更好地把握时间，才能在短时间内做更多的事情。

时间计划要有有序性

一般来讲，一天当中，我们要做的事情很多。这时候，我们要懂得对事情进行一定的分类，可以分为重要的、次要的和不重要的。对于重要的事情，我们要在第一时间去做，而那些不重要的事情，便可放到最后去做。这样一来，重要的事情就不会被耽误，重要的事情完成了，自然也就能很快见到成效。

闲暇时光如果不用来读书，以累积发展自我的力量，而在无所事事中任其流逝，是非常可惜的。

第六章

如何培养男孩的思考力

勤于思考让你变得更聪明

高斯是德国著名的数学家，也是世界上最伟大的数学家之一，因为他在数学领域有很大的成就，被称为"数学之王"。高斯一生的成就很大，在19岁时总结出了《正十七边形尺规作图之理论和方法》。高斯之所以能够获得卓越的成就，主要归功于他勤于思考的理性习惯。

高斯从小生活在一个贫困的家庭，上学也只能在一所非常普通的农村学校。值得庆幸的是，在这所学校里面有一位小有名气的"数学家"，他的名字叫作布纳特。布纳特当时正好担任高斯所在班级的数学老师。或许是因为这位老师的教学非常优秀，或许是年轻气盛，他总是认为这些农村的孩子都很笨，自己的才华完全没有办法施展。

有一次，布纳特不知道什么原因对班上的孩子大发雷霆。在发完火后他在黑板上写下了一串长长的算式：1+2+3+4+5+…+100=? 并狠狠地说："今天你们就把这道题算出来，算不出来不许放学！"

很多学生都很吃惊："这是多少个数字相加啊？这要怎么去算啊，算完估计天都黑了。"但是，没有一个学生敢和布纳特顶嘴，大家都纷纷在纸上计算着。看到埋头苦算的学生，布纳特感到非常得意："你们慢慢算吧，还有10分钟就放学了，我就不信你们能在天黑之前算完。"

不想，3分钟过后，高斯站起来，对得意洋洋的布纳特老师说："老师，我已经算完了。"布纳特根本就不相信，于是连连点头："你可要小心了，不要随便写一个数字来糊弄我，你还是再慢慢地算一下吧。"小高斯回答道："我没有糊弄，我是真的算出来了。"

小高斯的话让布纳特很是吃惊，看着小高斯写下的数字，布纳特哑口无言。片刻过后，才问道："高斯，你只有10岁，怎么这么快就算出了正确答案呢？"

"如果是真的一个个数字相加，那么，我想天黑了，我也算不完，但是，我没有那样。仔细看一下这些数字就会发现，一头一尾的数字相加都是101，这样一来我们只需要将50个101相加就可以了。当然，在这里，我用的是乘法，这样更快捷。"

听着小高斯准确无误的讲解，布纳特再也没有说什么，他为高斯的数学天赋感到欣慰。更为重要的是，此时的布纳特内心是愧疚的，以前实在不应该看不起这些孩子。

男孩应该懂得的道理

生活中，我们总是羡慕别人的幸运和成就，殊不知，思考是成功的关键，唯有勤于思考，才能让自己更加聪明，更加理性，才能更好地抓住每一个来到我们身边的机会。就像高斯一样，从小就形成了勤于思考的好习惯，才有了未来人生的成功。因此，男孩要想在未来的人生道路上抓住更多成功的机会，要想谱写属于自己的美丽人生篇章，那么，就要懂得从小事做起，从思考做起。如此一来，才能打开你的思维之门，才能获取更多成功的要素。

心智成长金钥匙

高尔基曾经说过："懒于思索，不愿意钻研和深入理解，自满或者满足于微不足道的知识，都是智力贫乏的原因。这种贫乏用一个词来形容，就是'愚蠢'。"相信在这个世界上，没有一个人想要成为愚蠢的人，也没有人愿意一生潦倒。那么，我们就要勤于思考，即便是生活中的一件小事，当你学会问自己"为什么这样"的时候，你也能从中收获非凡的认识。

牛顿看到了苹果落地，深入思考，最后发现了万有引力；斐赛思博士看到了猫追随阳光在不断移动，认真思索，最后发明了日光疗法；德国科学家魏格纳躺在病床上，看到了世界上七大洲四大洋的版图，仔细观察，认真思索，最后提出了大陆板块漂移的理论……

由此可见，思考是成功的关键，也是获取新知识的重要渠道。一个懂得思考的人，定然能够不断地锻炼自己的大脑，让自己变得越来越聪明。而要想培养勤于思考的习惯，首先就要提升自己的好奇心。好奇心是获取知识、增长智慧的源泉，也是思考的必要前提。有了好奇心，我们才会不断地提出问题，探索人生的奥秘，从中获取更多的知识，增长自身的智慧。就像英国著名的哲学家弗朗西斯·培根所说的那样："知识是一种快乐，而好奇则是知识的萌芽。"

　　事实便是这样，世界上的科学家、发明家等著名的人士，大多都是好奇心非常重的人。在好奇心的驱动下，他们发现问题，寻找答案，最后成就了自己的一生。

简单思维，成就快乐生活

　　作为一名知名的画家，克拉尔一生创作了数百幅作品，并频频获奖。在克拉尔18岁时，他的处女作就获了奖。为了能让自己再接再厉，克拉尔决定将自己的处女作挂在墙上。

　　那天，克拉尔的妻子没有上班，于是，决定陪同克拉尔一起完成这个任务。当他们找来钉子的时候，妻子说："不对，克拉尔，这样挂上去太不美观，我们应该找两块木板，固定在画的两端，这样看上去更加美观。"克拉尔听从了妻子的建议，并让妻子去寻找木板。

　　可是，当妻子找来木板打算固定的时候，她又说："克拉尔，这个木板好像有点儿大，我们应该锯掉一段。"于是，妻子又开始在家里翻箱倒柜地寻找锯子。最后，在厨房的杂物间，他们找到了一把锯子，但是，因为常年不用，这把锯子已经生锈了，根本无法将木板锯断。因此，妻子又开始寻找锉刀，从而让锯子恢复原有的锋利。

但是，当妻子将锉刀拿来的时候，克拉尔却发现锉刀没有把柄。因此，妻子说："不要担心，克拉尔，我现在就去街上，给锉刀安上把柄。"说完，妻子就走出了家门，克拉尔就在家里等着妻子回来。

3小时很快过去了，妻子依然还没有回来，克拉尔见状，便决定自己将画挂在墙上。就这样，三下五除二，克拉尔轻松地就将画固定在了墙上。过了许久，妻子终于回来了。当妻子看到墙上漂亮的画时，问道："你是怎么钉上去的？为了给锉刀安上一个合适的把柄，我可是让木匠师傅亲手做的呢。"

这时候，克拉尔笑着说："其实，事情真的很简单，只是我们起初将事情复杂化了。我也不过是用了4个钉子就将画固定在了墙上，这不是也同样达到了效果吗？"

男孩应该懂得的道理

法国作家法朗士说："世事本身就错综复杂并充满混乱，世事的复杂往往令人迷失。"如果我们不懂得将复杂的事情简单化，那么我们便会在毫无头绪的情况中迷失自我，无法认清事情的本质。生活中，很多事情之所以难以解决，是因为我们想得过于复杂。其实，很多时候，一个简单的方法就能够解决问题。因此，男孩在面对不同的事情时，要懂得如何应对，学会把复杂的事情简单化。这样一来，你就能在短暂的时间内，解决更多的问题，达到事半功倍的效果。

心智成长金钥匙

要想收获快乐的生活，要想体验生命的真谛，要想采摘人生的幸福之花，首先我们就要具备简单思维。当今社会，纷繁复杂，时代的进步更是让众人感到极大的压力。面对生活的烦琐，面对工作的枯燥，如果我们不懂得简单化，那么，我们的人生定然也会昏暗无光。

袁劲松先生是我国著名的思维训练专家，他曾经说过："由简单到复杂是自然进化之道，由复杂到简单是智慧进化之道。"他旨在告诉人们，面对难题，当你绞尽脑汁依然不能解决的时候，只要转个弯，只要将事情简单化，就可能收获"柳暗花明又一村"的惊喜。

当然，我们所说的简单并不是让你幼稚、机械、不动脑子地思考问题，而是让你学会如何轻松地、快乐地生活和学习。要知道，简单的生活是一种生存的智慧，学会了"化繁就简"，你也就掌握了快乐的"接力棒"。

因此，面对日常繁忙的学习和生活，男孩不要烦恼，也不要因为学习中遇到的难题灰心丧气。我们不妨简单地面对，不懂的我们就问，问懂的人，问那些比我们能力强的人。这样一来，我们就能借助他人的力量解决自身的难题。

更为重要的是，如果我们从小就养成简单思维的好习惯，长大后，面对繁忙的工作，面对生活的压力，我们也就能很好地释压，减去很多不必要的麻烦，收获快乐的果实。

想象力比知识更重要

戴尔电脑的创始人名叫戴尔。小时候的戴尔是一个非常活泼的孩子，他有着非常丰富的想象力，他的脑中常常会冒出一些奇思妙想。戴尔最后的成功同样也归功于他超乎常人的想象力。

那时候，戴尔常常会听到同学们谈到买电脑的问题："我非常想拥有一台电脑，但是价钱实在太高了，买不起啊。"每每谈到这里，大家都不会再继续深究，而是会诅咒经销商，说他们只顾着赚钱，从来不考虑别人是否能买得起。

然而，一向"鬼点子"很多的戴尔却大胆地想了："为什么不能由制造商直接把电脑卖给需要的用户呢？那样不是既节省时间，还能薄利多销吗？如果我能够从制造商手中以低价买来电脑，然后再以比商场低的价钱卖出去，肯定会大受欢迎的。"

当然，戴尔的想象并不是凭空的，他知道：IBM公司有明确的规定，经销商每个月都必须提取一定数量的电脑，而这些经销商几乎每个月都无法将全部的电脑卖出。久而久之，就会因为货品积压造成损失。针对这个问题，戴尔找到了经销商进行谈判，想以低价买回电脑。很多经销商因为不想让损失加大，便同意将电脑低价卖给戴尔。

戴尔将电脑搬回宿舍，并进行了改装，以改善性能，最后以便宜的价格再卖出去。虽然戴尔每台电脑挣的钱不多，但是，却满足了学校很多人的需求。一个月下来，戴尔就挣到了5万美元。此时的戴尔想到了未来的发展，他陷入两难的境地。后来，经过和家人商量，他退学了，专门经营起了电脑的事业。在父亲的应允下，戴尔创办了戴尔电脑公司，在经过一段时间的实践和拼搏后，戴尔放弃了出售改装电脑的想法。他开始自行设计电脑，并自行生产和销售。由此，便出现了现如今的戴尔牌电脑。

男孩应该懂得的道理

著名科学巨匠爱因斯坦说过："想象力比知识更重要，因为知识是有限的，而想象力则能够概括世界上的一切，推动着进步，并且是知识进化的源泉。"的确如此，世界上没有做不到的，只有想不到的。一个人的思维决定一个人的格局，决定一个人的境界。思维有多远，就能走多远，一个没有想象力的人，很难获得成功；一个不敢想象的人，更不可能在人生道路上收获丰硕的果实。因此，男孩们，与其不断地哀怨"机会都被别人抢走了"，还不如默默地展开自己的思维，充分地想象大脑能够到达的领域。只有这样，才能捷足先登，抓住机遇，铸造成功。

心智成长金钥匙

想象力是时代进步的阶梯，是社会发展的前提。按部就班，不思进取，永远只能原地踏步，永远不能拥有成功。

男孩想要实现自己的人生价值，首先要有梦，要敢梦。有梦的地方就是天堂，有梦的人生才会进步。有了想象力，有了敢梦的勇气，才能有实现梦想的可能，才能有展现自我的机会。

要知道，想象力不是小说家的专利，任何领域的人，都可以拥有想象力，都可以有超出常人的想象力。有了想象力，便有了成就自我的可能；有了想象力，便有了达成杰出成就的开端。那么，男孩应该怎样提升自己的想象力呢?

第一，以物思物。细心观察周围的一切事物，就会发现，一个板凳和一只动物很像，一把菜刀同样也可以想象成很多的东西。只要我们不断地观察周围的事物，不断地让想象充斥大脑，我们的想象力就会得到提高。

第二，保持好奇心。在不侵犯他人原则的情况下，好奇心是进步的助推器。有了好奇心，想象力的阀门就会打开，在浮想联翩中，我们的想象力也得到了提升。

当然，在我们进行天马行空的想象时，还要掌握好尺度，要从实际出发。否则，想象就会成为失败的引子，成为无法实现的妄想。也就是说，只有合理的幻想才能创造价值，只有理性的梦想才能推动人生不断进步，实现最初的梦想。

成功需要不断地自我反省

爱因斯坦小时候是一个非常贪玩的孩子。虽然每当看到别人取得好成绩的时候，自己心里也会非常难过，但爱因斯坦从来没有从自身寻找过原因。直到16岁的时候，爱因斯坦依然没有为自己的人生做打算，依然贪恋孩童时期的自由。为此，爱因斯坦的父母忧心忡忡，时常会告诫爱因斯坦要好好学习。但对爱因斯坦来讲，父母的话就如同耳旁风。

有一次，爱因斯坦又和几个要好的朋友约好出去钓鱼。正当爱因斯坦收拾好一切打算出门的时候，父亲拦住了他："能给我一点儿时间吗？我有话对你说。"

一心想着去玩的爱因斯坦虽然心里很急，但也不能这样拒绝父亲，最后也只好坐下来听父亲说话。这一次谈话，让一向贪玩的爱因斯坦明白了人生的意义，也是这一次谈话，彻底改变了爱因斯坦的一生。

在谈话的过程中，父亲讲了一件亲身经历的事情：

前几天，我和咱们的邻居杰克去清理城南的烟囱。由于烟囱很高，为了安全起见，我们只能沿着烟囱里面的钢筋踏梯向上爬。你杰克叔叔在前面，我跟在后面。我们用了将近一上午的时间才将烟囱全部清理干净。等到我们完成工作，从烟囱中出来的时候，我发现你杰克叔叔的脸上、身上全是灰，就像戏剧中的小丑一样。当时我就想："我身上肯定也成了这样，我还是清理干净再回家吧。"

于是，我跑到附近的小河边，洗了又洗，这才打算回家了。但是，你杰克叔叔却没有清理身上和脸上的灰尘，吸引了满大街人的眼球。这时候，杰克就问我："为什么别人都在看我们呢？

我们有什么不妥的吗？"

我当时对你杰克叔叔说："你刚才怎么没有清理一下身上、洗把脸呢？你看你全身都是灰，怪不得别人会笑你。"

这时候，杰克笑着说："怎么可能啊，咱们出来的时候你身上还是很干净的，我怎么可能弄得这么脏呢？"

听父亲讲到这里，爱因斯坦哈哈大笑起来，似乎忘记了要去钓鱼的事情。父亲也随着爱因斯坦的笑声笑了一下。紧接着，父亲的神情变得严肃起来，他对还沉浸在欢笑中的爱因斯坦说："其实，在这个世界上，任何人都不是自己的镜子，只有自己才是自己最好的镜子。人活着，同样也要懂得反省自己。你现在长大了，爸爸希望你能够不断反省自己，认清自己，明确未来人生的方向。"

听了父亲的话，爱因斯坦陷入沉思："是啊，这么多年来，我从来没有反省过自己，似乎一直生活在别人的镜子中。"

从那以后，爱因斯坦离开了那些贪玩的朋友，学会了审视自己。并在不断审视中完善自己，后来他爱上了科学，最终获得了卓越的成就。

男孩应该懂得的道理

"天上的繁星数得清，自己脸上的煤烟却看不见。"这句话是马来西亚的一句谚语，同样也是对杰克的真实写照。生活中，不懂得自我反省，以他人为镜子的人数不胜数。也正因为这样，我们无法认清自身的缺点，无法明确自己的人生方向。殊不知，一个人要想成功，要想在社会上立足，不仅要有足够的知识和智慧，还要懂得自我反省。

心智成长金钥匙

林肯是一个懂得自我反省，并在反省中不断完善自己的人。

一天，林肯和儿子一起乘坐车辆出行，却不想，街口已经被路过的军队堵住了。林肯想知道这是哪里的部队，于是，便叫住了一个人问道："这是什么呀？"那人这样回答："你真是个笨蛋呀，这是联邦军队。"对于街民的"侮辱"，林肯没有生气，依然很客气地说了句"谢谢"。过后，林肯很严肃地对身边的儿子说："我的确是一个大笨蛋，我怎么能那么问呢？"

林肯用实际行动告诉儿子：当有人在自己面前说实话，是自省的最佳机会，这是一种幸福。人生在世，就要学会自我反省，这样，才能不断地进步。

的确，只有在反省中才能认识到自身的缺点，才能看到心灵上的污点。就像高尔基说的那样："反省是一面清澈的镜子，它可以让你看到心灵上的污点。"布朗宁也说过："能够反躬自省的人，就一定不是一个平庸之人。"

相信每一个男孩都想学业有成，都想在未来的人生道路上实现自己的梦想，成为万人瞩目的焦点。但是，我们要知道，成功需要一个过程，在这个过程中，我们会遇到很多的挫折和困难。要想战胜挫折，要想在社会上立足，要想收获成功的果实，自我反省便是最好的催化剂和助推器。生活中，男孩要注意做好以下两点。

坦然接受他人的批评

就像林肯说的那样：有人在你面前说实话，那是一种幸福。面对别人的批评，或许我们的心里会很不舒服。但是，在他人的批评中我们却能更好地认识自己，认清自身的不足。所以，对于批评，我们要学会坦然接受，并在批评的话语中反省自己。在认识到自身的不足后，不断学习，不断完善自己。

学会在挫折和失败后总结经验

人生在世，荆棘藤蔓在所难免，每个人都会面临失败和挫折。这时候，我们要尽快地走出失败的阴影，不要沉浸在痛苦的失败中无法自拔。我们所要做的是，总结失败的经验，争取在未来的人生中不让同样的错误重复出现。

创新，在"不一样"的世界中强大自己

爱因斯坦是一个懂得创新的人，他用自身的创新意识在科学史上留下了光辉的一笔。然而，爱因斯坦曾经也是一个懵懂的学生，他曾经也是一名小小的职员。那么，究竟是什么让爱因斯坦的思想发生了转变？是什么让爱因斯坦寻找到了人生的方向呢？爱因斯坦的老师赫尔曼·闵可夫斯基功不可没。闵可夫斯基被人们称为"胰岛素之父"，在数学上的才能也极为出众，是非常优秀的数学家。无论是在人生中，还是在学业上，闵可夫斯基都给了爱因斯坦很大的启发，让他懂得了很多创造价值的道理。

1899年，爱因斯坦还是瑞士苏黎世联邦工业大学的一名学生，他的导师就是著名的数学家闵可夫斯基。有一段时间，爱因斯坦处在了人生的迷茫期，他找到导师闵可夫斯基，问："老师，您好，我喜爱科学，可是您说我怎样做，才能在科学领域留下闪光的足迹呢？怎样才能在我的人生中取得卓越的成就呢？"对于闵可夫斯基，他不会轻易回答任何学生这样有关人生的话题，他表示要考虑一下再做回答。

3天后，闵可夫斯基找到了爱因斯坦，表示自己已经找到了问题的答案。闵可夫斯基带着爱因斯坦来到了工地，并让爱因斯坦踏上了工人们刚刚弄好的水泥地。爱因斯坦的这一举动引来了众多工人的训斥，对此，他感到非常委屈："老师，您为什么要让我这么做呢？这不是让我走入歧途吗？"闵可夫斯基笑着说："是的，你现在明白我想要给你的答案是什么了吗？"

此时的爱因斯坦正处在郁闷中，哪里有心思去想导师的用意。闵可夫斯基见爱因斯坦不知其解，便说："你看，你要想留下脚印，就要踏上还未凝固的水泥地，在那些已经风干后的水泥地上，要踩出脚印，简直比登天还难。"

听完导师说的话，爱因斯坦沉思良久，才连连点头表示"明白了"。爱因斯坦终于懂得了其中的道理，从那以后，他再也不是将所有精力放在原有的一些科学实验上，而是怀揣着更为强烈的创新意识去看待身边的一切。即使是作为一名小职员为他人打工，爱因斯坦也不忘在业余时间进行全新的科学研究。终于"工夫不负有心人"，爱因斯坦最后获得了成功，完成了"在科学领域留下闪亮足迹"的梦想。

男孩应该懂得的道理

著名的"两弹一星"勋章获得者之一钱学森曾经说："我们不能人云亦云，这不是科学精神，科学精神最重要的是创新。"创新的真正含义就是，在研究前车之鉴的同时，又不因循守旧，懂得用创造性的思维看待一切，分析一切，得出独到的见解。一个人要想更好地生存，要想在人生道路上收获更多成功果实，就要懂得创新，时刻用创新的思维去生活，去工作，去创业。一味地跟随别人的脚步前行，或许会减少你沿途的障碍，但是，却会让你错过众多沿途的美丽新奇的风景。长此以往，只会让两者的距离越来越远，直至被他人超越。

心智成长金钥匙

第一名总会成为人们心中难以抹去的记忆，人们会记得第一个登上喜马拉雅山的中国人是贡布，人们会记得第一个获得奥运会110米跨栏比赛冠军的中国人是飞人刘翔，然而，没有人能够记得是谁创造了第二的纪录，是谁成为比赛中的亚军。这也就表明，"第一名"永远是令人刻骨铭心的。任何时候，唯有新奇的想法或者出奇的特点才能吸引他人的眼球。这也就表明，创新是成功的开始，创新是进步的阶梯。

高尔基说过："如果学习只在于模仿，那我们就不会有科学，也不会有技术。"华罗庚也曾经说过："在寻求真理的长征中，唯有学习，不断地学习，勤奋地学习，有创造性地学习，才能越重山，跨峻岭。"在当今这个纷繁复杂的社会，创新更是显得举足轻重：不懂得创新学习方法，就很难提高学习效率，自然就会落后于他人；不懂得在工作中创新，便也只能是最平凡的员工……

　　创新不是抛弃过去所有的一切，创新也不是在脑海中漫无边际地想象。创新是在原有的基础上进行"开拓"，创新是要在实践的基础上完成的。没有基础的创新和没有实践的创新都称不上真正的创新，离开了实践，创新就是无本之木、无源之水。

　　男孩要想在未来的人生道路上取得非凡的成就，要想成为芸芸众生中的焦点，更要懂得从小有意识地"异想天开"，敢于发现，敢于质疑，才能收获他人难以发现的奥秘。不要惧怕出错，也不要惧怕会受到他人的指责和批评，或许你的想法在实践中偏离了正确的思维。鲁迅先生说："第一个吃螃蟹的人总是让人敬佩，第一个吃螃蟹的人，除了英勇无畏外，首先是一个善于质疑的发现者。"

成功的决断源于理性的思考

班超一直以来都认为，真正的男子汉要有抱负，而这种抱负不应该只停留在纸上。虽然自己曾经帮助哥哥班固撰写了《汉书》，但后来他还是投笔从戎了。后来，东汉王朝为了能够联合西域抵抗匈奴，派班超作为使节去了西域。

当时班超只带了36个随从，他们首先来到了鄯善国，班超将自身的来意做了说明："尊敬的国王，我们汉朝的皇帝派我来的主要目的就是，希望能和贵国联手，抵抗共同的敌人匈奴。希望两国能够同仇敌忾，携手创造更加美好的明天。"

鄯善国国王知道，东汉是一个泱泱大国，不容小视，当下的使节班超又颇有大将之风。这些都让鄯善国的国王连连点头，并当场决定："你说得实在是太对了，那就请你先在我们这儿小住几天，关于对付匈奴的事情，我们稍后再议，你看如何？"

班超知道，这样的事情需要谨慎考虑，所以，他们就在鄯善国住了下来。鄯善国国王起初对他们非常热情，每天都会嘘寒问暖，但后来的几天，鄯善国国王便开始躲开他们。聪明的班超很快意识到这一点，他有一种很不祥的预感。他当时就想："鄯善国国王对我们的态度有了这么大的转变，定是匈奴也有人来游说他。"在经过一番调查后，班超发现确实是有匈奴人来到了鄯善国，而且鄯善国国王盛情款待了他们，每天很晚的时候还在喝酒谈笑。

面对这样的情况，理性的班超没有冲动，而是不断地掌握更多情况。他发现匈奴这次来带了100多名全副武装的士兵。这时候，班超意识到事情的严重性，他必须做出一定的反应；否则，东汉就可能毁在匈奴的手中。

于是，班超召集随从商量对策："现在鄯善国的国王可能已经改变了主意，匈奴已经派人来进行游说，而且鄯善国国王已经动摇了。我们现在的情况非常危急，对此，我们一定要采取一定的措施；否则，不仅我们小命不保，就连我们的国家也可能受到很大的影响。大家说，我们现在应该怎么办呢？"班超的话音刚落，全场的随从异口同声地说："我们听从您的指挥。"

"那好，我已经考虑过了，'不入虎穴，焉得虎子'，我们必须据理力争，不能让匈奴国得逞。"

当天夜晚，班超便带领全部人马攻击匈奴，给他们一个猝不及防。在他们没有任何防备的情况下，班超以少胜多，将所有匈奴都消灭了。这一举动让鄯善国国王非常吃惊和害怕，当即便决定和东汉联盟，一起抵抗匈奴。班超至此完成了使命，取得了圆满成功，这一切都要归功于班超理性的思考能力。

男孩应该懂得的道理

人生的选择有很多，要想选择对的、对自己有利的，要想在选择中获得更多成功的机会，首先就要懂得理性的思考，不要武断地为某一件事情下结论，而是要擦亮双眼，认清事情的本质。要知道，男孩们在自己人生的道路上所面临的问题似乎要更多一些，长大后就要承担起家庭的重担。这也就要求，男孩更要懂得培养自身理性思考的能力，为美好的未来打下坚实的基础。

心智成长金钥匙

果断的选择是抓住机会的利爪，更是成功最好的助推器。然而，生活中，很多人却在此陷入了一个误区：果断选择就是不假思索地选择。其实，这样的想法是不对的，我们所说的果断选择主要就是说在选择时不能优柔寡断，前怕狼后怕虎。而这种果断的选择是建立在理性思考的基础之上的，没有理性的思考，选择就很容易让你误入歧途；没有理性的思考，再果断的选择也难以铸就你的成功。因为，成功的决断源于理性的思考。

男孩要想取得更多成绩，要想实现自我的人生价值，更要懂得这样的道理。无论做什么选择，都要从自身出发，从实际出发，从理性出发。在不影响选择的情况下权衡事情的利弊，最后再做出选择。与此同时，我们还要知道，理性思考的能力不是一蹴而就的，它需要长时间的培养和锻炼。因此，男孩从小就要有意识地培养自身理性思考的能力。

学会控制自己的情绪

一个懂得控制情绪的人，不会在紧要关头失去理智。对他们来讲，任何事情都要有一定的根据，不管做任何决定，他们定然都能冷静下来进行理性思考。因此，男孩要学会控制自己的情绪，从小锻炼自己"不以物喜，不以己悲"的能力。当你真正成为情绪的主人时，便是你跨入成功之门的开始。

懂得权衡利弊

任何事情、任何选择都有两面性，就如同我们常说的，有得必有失。在做选择时也是这样，当选择了一样东西的时候，你或许也会失去一些东西。关键就看一个人怎样选择，是选择芝麻丢西瓜，还是丢了芝麻捡西瓜。但是，如果想要得到更多，不因小失大，我们就要懂得权衡利弊，认清自己想要的到底是什么。

敢于"异想"，才能"天开"

每当看到《莲花开落》，每当翻开《打开心灵之窗》，人们都会想到这些作品的作者林清玄。林清玄自幼喜欢创作，喜欢做梦，用他父亲的话说就是"异想天开"。

那时候，林清玄还是一个刚满6岁的孩子。有一次，他和父亲一起去田地里干活儿，累了之后就坐在树荫下休息。就在这个时候，一架飞机从头顶飞过，林清玄抬头望去，顿时忘记了自我。直到父亲大声喊道："你在看什么呢？那么出神。"林清玄才转头对父亲说："我看到了飞机，爸爸，长大后，我一定要坐飞机，去很远很远的地方。"话音刚落，一个巴掌便落在了林清玄的身上，接着便是父亲的一顿斥责："你这一辈子都不可能做到的，你呢，还是和我一起好好种地吧。"

是的，林清玄出生在一个贫穷的家庭，父亲每天都是早出晚归，为的就是挣钱养家糊口。林清玄的父亲一直希望他能帮帮自己，撑起这个家。可是，年幼的林清玄却有着更加伟大的梦想。他经常对父亲说："我以后绝对不种地，到时候，我就坐在属于自己的书房里，等着钱从天南地北'飞'来。"每每这个时候，林清玄都是遭到父亲的打击，甚至责打。但是，林清玄从来没有停止过飘飞的思绪。

在林清玄上六年级的时候，他在地理课上认识到了各个地方的名胜古迹，有中国的万里长城，有埃及的金字塔，还有雄伟壮观的埃菲尔铁塔……顿时，林清玄便被迷住了。回到家之后，他依然着迷地审视着地图上"不真实"的名胜古迹，也正因此他被父亲抓了个正着。气急的父亲一把抓过世界地图，扔在了正在燃烧的火中，并狠狠地打了林清玄一巴掌："你每天就知道做这些白日梦，你能不能现实一点儿，你是我的儿子，你以后就只能在这个家里待着。"可年幼的林清玄并不服输："不，你每次都说我什么事情都做不成，但是，我发誓，长大后，我一定要去这些地方。"

从那以后，林清玄再也没有将自己心中的想法告诉思想有些陈旧的父亲，而是更多地专注于自己的学习，并爱上了创作。在林清玄17岁那一年，他的处女作问世。20岁的时候，便写下了著作《莲花开落》，林清玄顿时声名鹊起。从那以后，林清玄就再也没有放弃写作，真的过上了"钱从天南海北飞来"的生活。之后，他还专门坐飞机来到了埃及金字塔，并坐在金字塔下给父亲写了一封信："爸，相信您怎么也想不到，这封信是我在金字塔下写的。记得小时候，您总是说我什么事情都做不成，什么地方都不可能去。但我一直相信，敢于异想，就能天开，所以，我在打击中变得更加坚强……"

男孩应该懂得的道理

每个人都是芸芸众生中的一员，每个人也都有成为万人瞩目焦点的可能。男孩天生的担当决定着他们必须勇于承担，甚至从小开始做"大人的梦"。勇气是一个人成长的要素之一。在困难面前，在责任面前，在梦想面前，如果没有勇气去"异想"，那么，就永远没有"天开"的可能。男孩要想长大后成为真正的男子汉，就要懂得走出父母的羽翼，学会迎接人生的暴风雨，从而让自己的勇气犹如一望无际的大海一样永无止境。

心智成长金钥匙

曾经看到过这样一则故事：

课堂上，老师问班里的所有同学："冰融化之后是什么？"很多同学都异口同声地说："水。"老师很是高兴，当场便表扬了说"水"的同学。片刻之后，班里一个一向很是调皮的男孩站了起来："老师，我认为，冰化了之后就是春。"男孩的回答让老师有些不解，但他并没有否定男孩的新奇想法，也就是这堂课，让这个老师体会了另一种"异想天开"。

异想天开一直以来被人们认为是贬义词，它代表的是一种不切实际的想法，代表的是一种没有任何根据理论的观点。然而，综观古今中外的各种重大发明却不难看出：任何一项发明都是从"异想"开始的。如果没有将图画显示在屏幕上的异想，贝尔德就不可能发明世界上第一台电视机；如果没有不用走路就能上楼的异想，就不可能发明电梯；如果没有想要凌空飞翔的异想，莱特兄弟也不可能发明飞机……就像爱因斯坦说过的那样："异想是知识进化的源泉"，没有异想，便不能产生新事物。

阿里巴巴创始人马云曾经说过：懒人创造世界。这句话并非完全没有道理，因为懒人常常会异想天开，想不费力地达到应有的目的。

当然，异想天开并不是懒惰者的代名词，而是思想者展翅翱翔的翅膀。作为天生爱"做梦"的男孩，要想长大后在社会中立于不败之地，要想做出更加卓越的成就，就要具备足够的勇气，敢于"异想"。

"异想"是一种能力，需要不断地提升和锻炼。生活中，有的人碰到了非常奇怪的事情，三分钟过后便会忘记；有的人则会不断地思考，想出各种可能。以上两种不同的人，必然会拥有两种不同的人生，前者或许能够平安地度过一生，但却很难有重大的成就；后者或许一生会碰到很多困难和难题，但是，他们能在不断解决难题中享受到美满的人生，取得非凡的成就。

相信每个男孩都想让自己成为真正的"好男儿"，都想拥有一个非凡的人生。那么，抛弃陈旧的理念，张开梦想的翅膀，学会"异想"吧。

第七章

如何培养男孩的自律力

学会自制才能征服世界

　　巴赫是德国著名音乐家，更是将西欧各民族的音乐风格浑然天成地融为一体的开山大师，被德国乃至全世界的人称为"音乐之父"。巴赫出生在爱森纳赫一个美丽的小镇上，原本他拥有美满的家庭，是父母眼中的宝贝。却不料，在巴赫10岁时，父母便双双离开了人世，留下了年幼的巴赫。从此，巴赫便成了孤儿，一个人走在漫长的人生道路上。对于童年的遭遇，巴赫没有绝望，他知道，自己未来的人生道路还很长，自己必须努力站起来，继续前行。于是，年幼的巴赫坚强地站了起来，通过艰苦的努力，靠着奖学金进入了吕纳堡的圣米歇尔的一所学校。

　　巴赫从小就喜欢音乐，美妙的旋律对他来讲，是流淌的小河，更是宏伟的高山，一切都是那样美妙。他一直梦想着能去汉堡听一位管风琴大师的演奏，只是巴赫住的地方离汉堡有将近90多千米。当时巴赫的经济非常拮据，要想赶上一场音乐会，就必须提前步行去。纵然这样，巴赫依然追逐着自己的梦想，他带上干粮，便徒步前行。每当走累的时候，巴赫就会坐在路边稍作休息；每当天黑的时候，巴赫就会在草丛中睡一觉，天不亮便继续前进。

　　每当双脚磨起泡的时候，每当双腿出现痉挛的时候，巴赫也曾想到过放弃。然而，自制力却时刻要求着他，必须坚持走到终点。渐渐地，巴赫的心中再也不去想"放弃"，在他的心中只有"目的地"。为了能够听上难得的音乐会，为了追求喜爱的音乐，巴赫严格要求自己，克制自己，最终取得了非凡的成就。

从圣米歇尔学校毕业后，巴赫就凭借自身的能力在一家室内乐队当了一名小提琴手。虽然过后的几年他从事过很多行业，换过很多工作，但是，音乐却从来没有离开过他。20年后，他在音乐上有了更多的见解和更高的造诣，他将各种风格的音乐融为一体，可谓是珠联璧合、曲尽其妙。他对300年来整个德国的音乐文化产生了深远的影响，在世界音乐史上同样也谱写了最美妙的旋律。而这一切，都来源于巴赫从小具备的"自制能力"。

男孩应该懂得的道理

自制力是一种自我控制的能力，也是成功的必要前提。一个人要想在人生道路上谱写更加美丽的篇章，要想采摘更多成功的果实，就要有自制力。有了自制力，我们便能更好地规避人生的风险；有了自制力，才能不被外在的事物牵连；有了自制力，才能在各种场合如鱼得水……

心智成长金钥匙

"舒适为何物"？有人说，人生的苦难不断，这个苦难过去了，另一个苦难接踵而至，舒适的生活可望而不可即；有人说，人生五味杂陈，寂寞、孤独、痛苦占据了大部分的生活，即使有了舒适的生活，内心的弦却依旧紧绷……其实，并非没有舒适的生活，也不是说人生全是苦难，因为苦难过后就是幸福。只是因为现实生活中很多人不懂得自律，不懂得控制自己。殊不知，坏情绪和困难一样，当你不去在意，抑或懂得克制自己的时候，坏情绪便会"畏缩"。

一个没有自制力的人是懒散的，是没有目标的。在他们看来，生活就是得过且过，成功也只会隶属他人，到头来却总是抱怨命运弄人。殊不知，没有自制力，就等于和成功失去了"碰出火花"的机会，要想获得成功便如登天。

众所周知，西点军校是一所讲究军纪的学校，但凡一个不懂得克制自己、没有自制力的人都不可能顺利地走完西点的生活。就像毕业于西点军校的五星上将布雷德利说的："一个能够自制的思想才是自由的思想。自由就是力量，为了获得真正的自由，就要懂得努力地约束自己。""钱要花在刀刃上""不到万不得已不能怎样"说的都是这个道理。一个人要想收获成功的果实，要想征服整个世界，要想在有限的生命里创造无限的价值，首要前提就是要学会自律。"人云亦云""跟风"等都是不理智的行为，男孩一定要摒弃不良的思想，让自己真正具备"自制的思想"。当然，自制力不是一蹴而就便能培养的，它需要我们从小事做起，从早做起，从"小"做起。

做自己不愿意做的事情

做自己不愿意做的事情是痛苦的，但是，在面对不愿意做的事情时，你能"劝"自己坦然地接受，坚持不懈地去完成这件

　　"痛苦的事情"。久而久之，便能"苦尽甘来"——自制力渐渐形成，即使遇到更大的事情，自己更不愿意做的事情，也不会因为一己之念错过机会。

　　学会分散注意力

　　每当遇到自己看不惯的事情时，每当别人无意间伤害到自己时，很多人的情绪都会受到很大的影响。这个时候，便是培养自制力的最佳时机，我们要做的是压住心里的火，利用听音乐或者画画等方式宣泄心中的不快。这样做的目的就是分散注意力，不要过分地在乎那些不愉快的事情。如此一来，不仅让他人在你的自制的"宽容"中体会到亲切，还能很好地培养自身的自制力，我们何乐而不为呢？

管住自己的嘴，不要成为"长舌男"

　　身为一名成功的科学家，维纳尔懂得时刻克制自己，不允许自己随便乱发脾气，更不允许自己到处调侃，说一些不着边际的话。以前上学时是这样，现在自己小有成就了，他依然不会放纵自己。对于维纳尔，"祸从口出"，一个管不住自己嘴巴的人，不仅会无意间得罪很多人，还会让自己失去原本拥有的朋友。维尔纳曾经就因为没有管住自己的嘴巴失去了一个知心朋友。

　　那时候，维纳尔和恩萨蒂是非常要好的朋友，两人形影不离，经常一起吃饭，一起放学回家。后来，恩萨蒂的父母离婚了，对此，恩萨蒂非常伤心。在一次放学的路上，恩萨蒂对维纳尔说："维纳尔，我现在好伤心，我的爸爸妈妈前几天离婚了。"听到这个消息，维纳尔差点儿没有跳起来，幸而被恩萨蒂拦住了："维纳尔，这件事情你不要告诉别人好不好？你是我最好的朋友，我只是想向你倾诉一下心中的烦闷。"当时，维纳尔狠狠地点点头表示肯定。

　　然而，在一次同学聚会上，人们都在谈及自己的父母是做什么的。当大家议论纷纷的时候，有人问恩萨蒂："恩萨蒂，你爸爸妈妈是做什么的呢？和我们大家讲讲吧。"

　　恩萨蒂有些惊慌失措，但为了不在全班同学面前失去面子，

144

他也假装兴致勃勃地讲着离婚前的爸爸妈妈。却不想，当恩萨蒂即将开口的时候，维纳尔大声说道："恩萨蒂，你爸爸妈妈不是离婚了吗？"顿时，全场一片寂静，片刻后才隐约听到"恩萨蒂的父母离婚了，是真的吗"的议论。恩萨蒂当即非常生气地离开了。从那以后，恩萨蒂再也没有和维纳尔说过话，两人自此失去了全部联系。

从那以后，维纳尔就发誓一定要管住自己的嘴。现在的维纳尔已经成为一名科学家，有了很多新发明。但是，他却从来没有忘记孩童时期的要好朋友，更没有忘记"嘴巴"惹起的那次祸端。现在的维纳尔不仅严格要求自己讲诚信，管住自己的嘴巴，而且对于手下和助手，他也是这样要求的。

那是在维纳尔的研究室刚刚成立的时候，他想为自己选两名得力助手。当12名面试人员站在维纳尔面前的时候，他没有多说什么，而是将12名面试者分为了四组，并告诉每一组的成员："在其他组有一个能力非常强的人。"当各组成员听到这个事情后，便开始议论纷纷，甚至询问各自的学历，并将维纳尔说"在其他组有一个能力非常强的人"的事情说了出来。

看到这样的情形，维纳尔失望地摇头表示否定。就在这个时候，维纳尔惊奇地发现，在第一组、第三组中有3名面试人员沉静地站在那里。自信和淡定写在了他们的脸上，就这样，这3名面试人员都成为维纳尔的助手。当别人问维纳尔为何选择这3人时，他说："因为他们能管住自己的嘴。"

男孩应该懂得的道理

"失足，你可以马上恢复站立；失信，你也许永远无法挽回。"中国有句话也是这样说的："人无信则不立"，一个人要想在社会上立足，要想在漫长的人生道路上取得非凡的成就，就必须有"诚信"。简单来讲就是，答应别人的事情一定要做到，否则就不要张口答应别人——管住自己的嘴巴。一个男人如果不能克制自己，管住自己的嘴巴，那么，他便是典型的"长舌男"。在平日的说话中，不仅会伤害到身边的人，还会给自己带来很多不必要的麻烦。

心智成长金钥匙

无论在任何时候，面子都是男人们第一想要争得的。也正因为这样，很多男孩子聚在一起的时候，都会说天道地，极力表现自己。然而，就在争取面子的过程中，很多男孩会说出很多夸大其词的语言，甚至靠着"直爽"的性格，大言不惭地伤害在场的人。

殊不知，朋友之间要想更好地相处，就要懂得互相谦让，不道人之长短。世界上没有不透风的墙，纸同样是包不住火的，说他人是非长短的人定然不会有什么好的结果。

或许在说话时我们可以逞一时之快，但是，面子是别人给的，地位才是靠真实能力获得的。如果在某种特定的场合，不懂得克制自己，肆无忌惮地表达自身的看法，甚至向他人许下自身不能实现的承诺，都会让别人感到反感。久而久之，别人就不会和你联系，不愿意和你交往了。

因此，男孩一定要培养自身的自制力，管住自己的嘴巴，不要让不经意的语言伤害到身边的朋友，也不要让习惯性的"顺口溜"成为成功的绊脚石。

当然，我们所说的管住自己的嘴巴，并不是让男孩们在生活中缄口不言，而是要掌握好一个度。在说任何话的时候，都要学会认真思考：这句话是否会对他人造成伤害？在这种场合能不能说这样的话？在确保一些话的"安全性"后再进行表达。除此之外，还要懂得换位思考，多多站在别人的角度思考问题——一个只懂得为自己着想的人，一个从不顾及他人感受的人，永远难成大器。

男孩一定要具备抗拒诱惑的能力

卡萨尔斯是一个音乐天才，他从小就喜欢弹奏大提琴。当时的人们都知道，大提琴是一个非常古老的乐器，任何人的弹奏指法都难以和著名的音乐人巴哈相提并论。然而，年幼的卡萨尔斯却做到了。在他10岁时，他就已经能够非常顺利地将巴哈的《十二平均律》中的40首前奏曲和赋格曲弹奏完。

15岁那年，卡萨尔斯进入当时的王宫演奏，他以优异的表现赢得了皇太后的认可，并决定赠予卡萨尔斯两年的奖学金。虽然只是两年的奖学金，但对于卡萨尔斯，却重如千斤。但是，皇太后还明确表示，从此之后，卡萨尔斯不仅要一边在马德里音乐学院学习，以提升自身的音乐技能，一边还要经常进宫陪太子玩耍。在这样的诱惑下，相信任何人都会动心，甚至选择接受。但是，一向正直的卡萨尔斯却拒绝了皇宫奢侈的生活，踏上了前往比利时布鲁塞尔的道路，为的就是寻找当时名声最大的大提琴教授约克伯。

当大名鼎鼎的约克伯看到年幼的卡萨尔斯时，他有些不屑，用轻蔑的口气随便点了几首非常冷门的曲子。约克伯所点的那些曲子连当时很多追随约克伯的学生都不会，卡萨尔斯却非常娴熟地将曲子非常完美地拉完了。对此，约克伯很是震惊，态度立马发生了180度大转弯，并表示愿意为困难的卡萨尔斯提供一年的奖学金，让其更好地在这里学习大提琴。

但是，对于约克伯傲慢的态度，卡萨尔斯非常反感，他毅然决然地拒绝了约克伯最后的邀请。虽然自己生活困苦，虽然自己没有足够的学费去学习大提琴，但卡萨尔斯有自己的原则。也就是卡萨尔斯这次坚决的拒绝惹恼了西班牙王室，他们以中断卡萨尔斯的奖学金来要挟卡萨尔斯。对此，卡萨尔斯做出了惊人的举动，他毅然地拒绝了西班牙王室的"资助"。从此，他回到了巴黎，依然过着贫困的生活，大提琴依然是卡萨尔斯的灵魂，他始终追逐着自己的梦想。

在很多人看来，卡萨尔斯是一个频繁拒绝的人，他几乎已经没有地方可以进行演奏了。但卡萨尔斯从不绝望，他没有忘记自己热爱的音乐，更没有忘记自己的尊严。他拒绝了去与西班牙建交的英国进行演奏，而是在比利牛斯山上一个非常偏僻而荒凉的小镇上，举办了属于自己的音乐节。很多知名的世界音乐家也争相参加，为的便是一睹这位具有辉煌"拒绝"成就的音乐人。

男孩应该懂得的道理

贪欲就像加了盐的水，会让人越喝越渴，越渴越喝，从而造成恶性循环。诱惑则像涂了一层金的炸弹，越靠近越危险，当真正触碰时，便会爆炸。在纷繁复杂的社会中，诱惑无处不在，有的人能够认清自己，坚守原则，抵制诱惑，最后获得了人生的成

功；有的人则无法坚守自身的原则，见利忘义，跟着诱惑的脚步前行，最后的人生也只能以失败告终。男孩们要想取得卓越的成就，要想成就非凡的人生，就要懂得克制自己，抗拒诱惑。不要被"表里不一"的诱惑蒙蔽了双眼，更不要让欲望冲昏了头脑。

心智成长金钥匙

"富贵不能淫，贫贱不能移，威武不能屈。"孟子用饶有情趣的文字道出了自律的重要性：一个人要想成功，就必须具备较强的自制力，一个不懂得控制自己的人，只可能和机会擦肩而过。对此，德国著名的哲学家叔本华也有自身的观点："财富就像海水，喝得越多，渴得也就越厉害，名望也是这样。"

人生几十年，有的人一直在追求名望，追求财富，为此甚至赌上自己的青春，拿生命作为赌注，这一切都是欲望使然。也正因为这样，面对社会上形形色色的诱惑，很多人驻足不前，被诱惑牵引了眼光。

要想摆脱"噩梦"，要想收获快乐的果实，就要懂得在诱惑面前保持清醒的头脑，不要让满心的欲望遮盖了你的理性。男孩一直以来都被人们冠以"顶梁柱"的头衔，对男孩来讲，也都想在未来的人生道路上实现自己的人生价值，成为妻子眼中的好丈夫、孩子眼中的"英雄"父亲、父母眼中的"好儿男"。那么面对社会上重重的诱惑，男孩就要懂得克制自己，将诱惑阻挡在心门之外。

要知道，世界并不是金钱和地位的天下，唯有不断地努力学习和工作，才能在实现自我价值中体会成功的喜悦，感受人生的幸福和美满。面对自身已经拥有的东西，我们要懂得珍惜，懂得知足，不要因为一时的诱惑失去原本的快乐。

贪婪是心灵的毒药，贪欲是心灵的腐蚀剂，它们就像大火一样，一旦点燃，便会一发不可收拾。男孩想要成就大事是一种志向，但是，志向并不是贪婪和贪欲。要想保持美满的心灵，要想收获幸福的人生，就要懂得放下心头的贪欲，不要让诱惑迷失了人生前进的方向。

别沦为冲动的奴隶

被尊称为"美国国父"的乔治·华盛顿从小接受的就是"绅士教育"，在他还是一名小学生的时候，父母就让他抄写100遍"如何成为一名绅士"的准则。

华盛顿一直接受着良好的文化教育，他毕业于美国最古老的贵族学院之———威廉玛丽学院。而他给人的印象一直是富有开拓精神、吃苦耐劳、待人谦和、心地善良。1774 年，华盛顿率军驻防在亚历山大市，此时他已经成为一名上校，弗吉尼亚州议会正在进行议员选举。当时，华盛顿和一个名叫威廉·佩恩的人政见不同，两人支持的议员人选也不同，在竞选的过程中，两人自然免不了一番唇枪舌剑的辩论。有一次，辩论进行到激烈之处，华盛顿一时没有控制住自己的情绪，说了几句很不入耳的话，而脾气火暴的威廉·佩恩则在盛怒之下挥起手杖将华盛顿打倒在地。一见对方动起手来，一直拥护华盛顿的部下迅速赶来，个个卷起袖子，怒气冲冲地要找威廉·佩恩算账。幸好，华盛顿及时劝阻想要给他报仇的部下，让大家平复心情退回营地，他说，自己会处理所有问题。

第二天上午，华盛顿约威廉·佩恩到当地的一家酒店碰面。按照当时很多贵族的习俗，威廉·佩恩以为华盛顿会当面要求他道歉并且会和他来一场关于"尊严"的决斗，无法拒绝的他只好无奈赴宴。

没想到，当佩恩走进酒店之后，等待他的不是因被打而愤怒的华盛顿，而是笑容可掬、手持酒杯面对他的绅士华盛顿。华盛顿笑着说："佩恩先生，真的很抱歉！请您原谅我昨天的鲁莽冲动，如果您觉得我们之间已经扯平了，那现在就让我们像朋友那样握手言和吧，怎么样？"

看着华盛顿伸过来的友好之手，佩恩也笑笑，伸出了自己的手。就这样，华盛顿因为控制了冲动而增加了一个朋友，减少了一个敌人。从此之后，威廉·佩恩成为华盛顿最坚定的支持者之一。

男孩应该懂得的道理

西方有谚语云："上帝欲毁灭一个人，必先使其疯狂。"人们都说"冲动是魔鬼"，这句话的确是至理名言。生活中，我们

经常会犯这样那样的错，细细想来，就会发现，有很多事情都是因为抵挡不住"冲动"这个魔鬼的诱惑，才铸成大错。殊不知，即使一个人非常优秀，即使他曾经获得了卓越的成就，但是，当他处在魔鬼的魔爪下时，他所做出的决定也不一定是完全正确的。所以无论大事小情，在处理时学会三思而后行，理智对待、冷静处理才是上上之选。

心智成长金钥匙

能控制自己情绪的人，才是真正勇敢、明智的人，也只有这样的人，才能获得真正的成功，才能创造非凡的人生。现实生活中，我们的失败往往是因为不能控制自己的情绪所造成的。如果我们能够掌握自己的情绪，那么我们就更容易掌握命运。

纵观古今成大事者，不难发现，他们每一个人都是能够控制自己情绪的高情商者。无论在任何时候，他们都懂得控制自己的情绪，即便是不愉快的事情，他们也会选择一笑而过，所以，成功也更容易被他们获得。

由此可见，要想获得成功，首先就要懂得控制自己的情绪。要知道，冲动是一种极具破坏性的负面情绪，它给我们带来的负面影响要远远超过我们的想象。人一旦被冲动的"魔鬼"所控制，就很可能造成不可挽回的严重后果。那么，我们该如何控制自己的冲动情绪呢？

要想克制冲动，首先我们要认识到一点，每个人的情绪构成中都具有其积极性的一面和消极性的一面。虽然人们常说"冲动是魔鬼"，但我们谁都不能否认，如果没有"冲动"这个魔鬼，如果没有了激情的存在，很大程度上也就没有这个世界。

但是，在激情和冲动的影响下，我们不能忘记冷静的重要性。要学会掌控自己的冲动，不要让激情变成一味的盲目和冲动，从而摧毁了自己的前程。要知道，激情代表的是一种积极向上的心态，与冲动是不能画上等号的：激情能够引领一个人的灵感不断发挥，但冲动却能摧毁一个人的一生。

其实，一个有血性的人是值得尊敬的，这样的人一般喜欢"主持公道"，懂得维护自己，维护他人的权益。但是，不分青红皂白地冲动则会像烟花爆竹一样让人在欣赏的同时提心吊胆。

我们要想成就自己的人生，要想获得卓越的成就，就要懂得克制自己的情绪，不要让自己沦为冲动的"奴隶"。其实，要想培养自己的自制力，并非难事；要想防止因冲动而酿成大祸，也并非天方夜谭。

首先，给自己多一点儿时间去考虑。当你的脾气即将爆发，当你将要破口大骂的时候，主动对自己的内心说："先想想，想一会儿再爆发。"或许这只是短短的一分钟时间，但是，这一分钟却能很好地抚平心头的怒火，让一个人的内心渐渐恢复理智。一个理智的人是不会让自己随便发火的，也不会让冲动成为实现目标的刽子手。

还有一种方法就是学会在第一时间转换一种想法，或者换一个环境。这样做的目的主要就是转移人的注意力。如果能在即将爆发的前一秒换一种想法，将注意力转移到其他事情上，便不会因为一时的小事引爆情绪的"炸弹"。

如果平日你有和自己"对话"的习惯，那么，在情绪要爆发的时候，你可以试着和自己说说话，描述一下自己现在的神情，或者讲述一下事情的原委。或许在你短暂描述的过程中，你的注意力就已经不在这里了，情绪自然也就得到了稳定。

克己慎独，自律的最高境界

　　许衡是元代的著名大臣，也是一位著名的学者、教育家、思想家和天文历法学家。对自己的学生，许衡爱之如子，总是给予无微不至的关怀。对于自己，许衡却有着非常严厉的要求。即使是在最为困难的时候，他也从不放弃约束自己的原则。

　　在一个炎热的夏天，许衡还有当时的很多人在局势动荡的情况下选择了逃难，长途跋涉的行程让很多人饥渴难耐。许衡也是一样，在似火的骄阳下，许衡显得面色苍白，饥渴不已。就在许衡想要坐下休息片刻的时候，突然听到有人喊："那边有几棵梨树，我们去摘梨解渴吧！"话音刚落，很多人都跑去摘梨了，只有许衡一个人依然端坐着纹丝不动。

　　那些去摘梨的人看到许衡不动，便对他说："你怎么不去摘梨吃呢？你看你的嘴唇都干裂了。"这时候，许衡正襟危坐，说："这些梨又不是自己的，不经过主人的同意，怎么能摘来吃呢？"

　　听了许衡的话，很多人苦笑道："现在的时局这么混乱，所有人都各自逃难去了，这些梨树哪里还有主人，我们又何必在乎这么多呢？"

　　许衡心知肚明，梨树的主人已经不在这里了。但是，他依然坚守内心的原则："梨树的主人或许不在这里，这些梨树或许已经失去了主人，但并不代表它们没有主人，更不能代表我的心没有主人。"因此，尽管自己饥渴难耐，尽管别人好言相劝，许衡却始终无动于衷，没有去摘梨。因为对于许衡，克己慎独是非常重要的品德。唯有在"人前人后"都坚守自己为人的原则，才能称得上真正的伟大。

男孩应该懂得的道理

　　一个懂得在众人面前克制自己的人能给他人留下良好的印象，也在一定程度上跨出了成功的第一步。但仅仅做到这一点还

是不够的，一个人要想获得最后的成功，就要始终克制自己，即使是在独处的时候，也不能放纵自己，做一些不理性的事情。就像中国古代的王阳明在谈到修养时说的那样："克己必须要扫除廓清，一毫不存方是，有一毫在，则众恶相引而来。"这句话的意思就是说：一个人要想修炼自身的素养，就不能给自己留一分一寸的死角，否则后果便不堪设想。在自制力的培养上也是这样，要想真正克制自己，要想走到理想的彼岸，就要懂得克己慎独的道理，不论在任何时候，都要严格要求自己。

心智成长金钥匙

社会上的每个人，都扮演着属于自己的角色，然而，能够真正将一个角色扮演好的人寥寥无几。面对世俗的诱惑，我们常常欲壑难填，从而很容易偏离人生正常的轨道，甚至完全改变了自己的人生。身为新时代的男孩，要想在未来的人生中做一个真正有用的人，要想在漫长的生涯中获得幸福和快乐，就要懂得克制自己，让自己扮演好属于自己的角色。

首先，不要放纵自己的本性。在众目睽睽之下，一般人都能很好地克制自己，让自己不去做违反道德的事情。但是，当独处的时候，能够做到表里如一的人则少之又少。面对内心的欲望，面对社会的诱惑，很多人都会给自己找诸如"我只做这一次，这次之后就不干了"的借口。却不想，就是这样一次的放纵，就可能造就悲惨的人生。因此，男孩一定要严格要求自己，不放纵自己的本性，更不要让欲望无限膨胀。

其次，坚决不让自己成为"双面人"。当面一套，背后一套的人是最让人生厌的。当面懂得克制自己，背后却肆无忌惮地放纵自己的人，同样也不能给他人留下深刻的印象。要知道，每个人一生都有自己特定的角色，唯有克制自己，让自己和角色身份保持一致，才能称得上真正的伟大。

　　最后，绝对不能自己"原谅"自己。对于心理学上的"自我激励法"，很多人都陷入了误区。不仅是在自己不开心时自我激励，即使是自己做错了事情，也会在心中对自己说："没事的，不会有人怪你的，这一次错误不算什么。"于是，在自我的"原谅"下，人们放松甚至放弃了对自己的要求，无论何时何地，都能找到很多理由原谅自己。

　　其实，这样的做法是不理智的。一个明智的人，一个懂得克制自己、严格要求自己的人，是不会选择"自我原谅"的。就像清代的叶存仁一样，面对他人送来的好礼，面对别人的用心良苦，他毅然决然地回绝了，并写下了："感君情重还君赠，不畏人知畏己知。"叶存仁用实际行动诠释了克己慎独的最高境界，是值得任何一个人钦佩和学习的。

克服依赖性，自己的路要自己走

　　因为受到父亲大仲马的影响，小仲马在很小的时候便爱上了写作，梦想着自己有一天也能像父亲一样，成为文坛上璀璨的明星。长大后，小仲马更加热衷于写作，还经常进行投稿。但是，小仲马投出的很多稿件都如同石沉大海一般，杳无音信。面对一张张的退稿笺，小仲马没有沮丧，更没有因此放弃自己的作家梦，他仍旧选择在投稿和退稿的世界里拼搏。

很快，小仲马接连碰壁的事情传到了大仲马的耳中，心想，凭借自己在文坛的名望，帮助小仲马起步是完全没有问题的。于是，大仲马便对小仲马说："如果你能在投稿时附上一封信，哪怕只是一句'我是大仲马的儿子'，效果就会截然不同。"

对于父亲的好意，小仲马拒绝了，他很坚决地说："我不想站在您的肩膀上看风景，我需要的是一个真实的高度。"对于小仲马的拒绝，大仲马并没有生气，而是为小仲马的性格感到欣慰。一心想要凭借自己的能力走上文坛的小仲马为了避免他人将自己和鼎鼎大名的大仲马联系，他为自己起了好几个笔名。

虽然自己每次投出的稿子都很难得到肯定，但小仲马依然不动声色地进行着创作。终于，"工夫不负有心人"，小仲马精心创作的《茶花女》以精彩的文笔和内容赢得了一位资深编辑的认可。当那位资深编辑看到寄稿地址时，他发现这个地址和大作家大仲马的地址是一样的，于是他就猜测："或许这部稿子是大仲马以另外的笔名撰写的。"

在好奇心的驱使下，这位资深编辑来到了大仲马的住所进行拜访。当谈及《茶花女》这部作品的时候，他才知道，这部作品是大仲马的儿子，也就是名不见经传的小仲马所著。对此，这位资深编辑很是好奇，便问小仲马："你为何不在寄稿时写上自己的真实姓名呢？"对于这样的问题，小仲马给出了同样的答案："我需要的是真实的高度，我的父亲很成功，但我只想靠自身的能力赢得应有的肯定。"

小仲马的回答让资深编辑很是震惊，回去后，立即着手出版《茶花女》。这本书赢得了文坛和评论界的一致好评，小仲马也因此声名鹊起。甚至有人这样评价：小仲马的《茶花女》大大超越了大仲马所著的《基督山恩仇记》的价值。

男孩应该懂得的道理

小仲马可谓是"青出于蓝而胜于蓝"，他所获得的成就没有任何"杂质"。纵然自己的父亲大仲马是文坛上的明星，他也从没有想过靠父亲成名。这是一种不依赖的行为，更是通往成功必备的条件之一。拿破仑曾经说过："人多不足以依赖，要生存只有靠自己。"靠天靠地靠他人，都是不明智的选择。没有人会让我们永远依赖，也没有人会成为可靠的依赖对象。要想成功，就要克服依赖性，离开父母建造的温室，体会人世间的一切。只有这样，才能走出一条独一无二的人生路，才能"站得更高，看得更远"。

心智成长金钥匙

《韩非子·外储说右下》中有这样一句话："恃人不如自恃也。"意思就是说靠别人，不如靠自己。如今很多孩子都是在父母的百般呵护下长大的，无论遇到什么样的困难，父母都会首当其冲帮助孩子解决；遇到麻烦的时候，父母会代替承担责任；即使是做一些力所能及的事情，父母也生怕孩子受苦。也正是因为这样，很多人成为长不大的孩子，无论做任何事情、遇到任何困难，都想着依赖他人。

性格的养成是长期的，是由从小到大的生存环境和接触的人决定的。如果男孩在为人处世方面总抱有依赖心理，便会失去做事的勇气，失去承担责任的担当，便永远称不上真正的男子汉。

真正的男子汉是勇于承担责任的人，也是一个懂得强大自己的人，更是一个独立、自主、自强的人。也只有这样的人才能凭借自己的能力走到成功的彼岸，只有这样的人才有能力、有资格和成功结伴而行。

要想彻底克服依赖性，就要从生活中一点一滴做起。当遇到困难时，告诉自己："我自己也能解决问题，不需要别人的帮助。"当需要承担责任时，勇敢地承认错误，承担责任。纵然是父母和朋友想要伸出援助之手，自己也要懂得约束自己。

除此之外，要积极主动地做自己需要完成的事情，不要总想着"会有人来做"，也不要想着"我可以让好朋友帮我做"。这样的后果往往是事情没有做成，或者无法达到预期的效果。

总而言之，我们要时刻谨记，站在别人的肩膀上摘下的苹果永远没有真实的味道，而且在采摘苹果时还会承担很大的风险。唯有彻底摒弃依赖性，学会在纷繁的社会中自立自强，靠自己的能力办事，才能打造更美的天空，才能拥抱成功。

第八章

何培养男孩的宽容力

有雅量能容人，才能取得更大的成功

被人们称为"美国独立的巨人"的约翰·亚当斯是美国历史上第一任副总统、第二任总统，他自幼聪慧过人，享有"神童"的美誉。亚当斯20岁时就获得了哈佛大学法学院的硕士学位，并成为一名受人尊敬的律师。约翰·亚当斯为美国的独立立下过汗马功劳，他与华盛顿、杰斐逊一起，被誉为美国独立运动的"三杰"。

约翰·亚当斯不但是一位出色的国家领导人，同时他的大度也成为人们尊敬他的重要理由之一。当年，亚当斯在接替华盛顿就任总统时，美国与法国的关系正存在破裂的危险，甚至到了1797年底，美法两国已经到了剑拔弩张、战争一触即发的地步。

打仗看来是不可避免了，那么应该由谁来担当领导美军的最佳统帅呢？很多人建议由亚当斯亲自统帅军队，但亚当斯非常明白，要想打胜仗，他并不是合适人选，因为他并不具有军事上的特别才能。几经思索，亚当斯认为只有前任总统华盛顿才是能够唤起美国军魂、团结全美人民的统帅。于是，他下定决心请华盛顿出山。

亚当斯的这一决定，无疑会引起其亲信们的反对。他们认为，一旦深得美国民众支持的前任总统华盛顿复出，那么他会再次唤起美国人民对他的崇敬和留恋，这对现在的总统亚当斯来说是一个威胁，会对他的威望和地位造成不良影响。

　　但是亚当斯毫不动摇，在他的心中，国家利益高于一切，他必须为这场即将而来的战争找到最好的统帅。于是，他授权汉尼尔顿立即给华盛顿写了一封信，请求前任总统华盛顿再次担当大陆军总司令。同时，他又亲自给华盛顿写了一封信。信中诚恳地写道："当我想到逼不得已要组织一支军队时，我就犹疑不定，是该起用老一辈将领，还是选用一批新人，为此，我不得不随时要向您求教。如果您允许，我们必须借用您的威名去动员人民，因为您的名字要胜过一支军队。"接到信后的华盛顿备受感动，表示愿意立刻肩负重任。不过，这场一触即发的战争幸运地在华盛顿准备率军出征的前夕，因为亚当斯的外交斡旋而同法国达成了和解。

　　此后，美国民众争相传颂这件事情，亚当斯的正直与豁达也为他赢得了更多的人心。后来，有位记者问亚当斯："总统先生，您为什么不怕华盛顿复出会再次唤起美国民众对他的崇敬和留恋，进而威胁您的威望和地位呢？"

　　亚当斯总统并没有直接回答这位记者的提问，而是给对方讲起了自己少年时代的一件往事。

　　在亚当斯小的时候，父亲要他学拉丁文。但是亚当斯觉得拉丁文非常无聊，所以他向父亲表示，自己不喜欢拉丁文，让父亲给他换个别的事情做。父亲同意了，让他去挖水沟，因为牧场需要一条灌溉渠。于是，亚当斯就真的去给牧场挖水沟了。可是，一向只拿笔杆不拿铁锹的人怎么能承受这么大的劳动量呢？当天晚上，亚当斯就后悔了，但生性倔强的他即使累得散了架也不愿去向父亲认错。第二天早上，他又咬紧牙关干了一天。但傍晚的时候，他就不得不承认疲惫压倒了他的倔强。第三天，他就回到了学拉丁文的课堂上。从那之后，亚当斯渐渐明白了一个做人的道理：人必须要承认自己不是无所不能的，要有自知之明，知道"尺有所短，寸有所长"。

最后，亚当斯深有体会地对那位记者说："真正优秀的领导者不一定事必躬亲，而是要学会知人善任，尤其是敢于起用比自己更优秀的人才。"

亚当斯正是因为懂得知人善任、雅量容人，才能借助众多优秀人才的力量，一步步地攀登上了成功的巅峰。

男孩应该懂得的道理

俗话说："将军额头能跑马，宰相肚里能撑船。"一个人要想成功，要想在平凡的人生道路上取得非凡的成就，就要具备宽容之心，"笑天下可笑之人，容天下难容之事"。面对人世间的一切不如意，面对人与人之间的大相径庭，如果我们总是斤斤计较，不具备"海纳百川"的胸怀，便不会有"有容乃大"的成功。因此，男孩一定要懂得包容，用无限的雅量去包容难容之人，如此一来，便能捡拾人生道路上的鲜花，便能取得人生的胜利。

心智成长金钥匙

佛学家方海权曾经说过这样一句话："盛开的榕树可以容众

乘凉，自然千年长青。有宽容别人的胸量，福泽大又长久。"也就是说，一个人要想得到福泽的庇佑，要想享受美好的生活，体验幸福的真谛，就要做一棵盛开的榕树，就要具备宽广的胸襟。只有学会了宽容他人，用雅量拥抱整个世界，才能让心灵得以放松，才能赢得更多的认可和尊重。那么，应该怎样做，才能成为一个真正宽容大度之人呢？

首先，宽容别人，要懂得宽容自己。人生在世，挫折和失败在所难免，很多人却总是因此失去了前进的信心，失去了足够的勇气，最后只能选择停滞不前。其实，这就是不宽容自己的表现，殊不知，漫步在未知的人生道路上，每个人都会犯这样那样的错误，唯有懂得宽容自己，才有重新站起来的可能，才能重整旗鼓，继续前行，为理想拼搏，为梦想奋斗。当我们学会了宽容自己，坦然面对人生的失败和错误时，也就懂得了如何面对他人不经意的失误。

其次，学会谅解他人。人各有志，我们没有办法改变一个人的内心的志向。同样，每个人的脾性也是难以改变的，唯有保持一颗平常心，宽容和理解他人的缺点和不足，才能始终保持美好的心情。

最后，亲近自然，陶冶情操。大自然是人生最好的教材，心情不快时，无法理解他人的行为时，我们都可以和自然亲近以宽解心情。想象辽阔的草原，一望无际的大海，姹紫嫣红的花朵……在自然中，我们的心情就会得以平静，一切烦恼和不满也就会在此消失。除此之外，我们还可以阅读一些修身养性的书籍，开阔自己的眼界，从中汲取更多做人做事的精华。

宽容给别人机会，也为自己创造机会

李嘉诚出生在广东潮州，在其12岁时被迫跟随家人来到香港，开始了新的生活，生活在舅母的家中。或许是从小经历了这些波折，也或许是"寄人篱下"的生活让李嘉诚学会了忍耐，学会了宽容。因为家庭，他放弃了学业，走上了打工之路，但他没有埋怨过任何人。在20岁时，李嘉诚凭借自身的精明能干，当上了塑料花厂的总经理。后来，他用自己积攒的7000美元创办了一家属于自己的塑胶厂，也就是"长江塑胶厂"。从此，他走上了一条创业之路。

步入商场后的李嘉诚同样秉承着宽容之心和难得的信誉取得了众人的认可。很多海内外的知名企业大都是慕名而来，和李嘉诚进行一定的合作。

有一次，李嘉诚携全体员工刚刚完成了与美国一个商人的大笔订单，却不想，就在即将交货的时候，美国商人变卦说不要了。无奈之下，李嘉诚只好解除了订单，对此，很多员工都表示不满，纷纷抱怨道："怎么能这样呢？我们可是加班加点地完成了订单，现在却说不要了，我们应该索要赔偿。"

然而，当美国商人问及要赔偿多少违约金的时候，李嘉诚却很诚恳地说："生意场本就变幻莫测，换了我们，也可能出现这样的事情。虽然你们提出了退订要求，但这些商品并没有受到损害，咱们也就不说什么赔偿不赔偿的事情。我们中国自古有句老话'生意不在，情意在'，我期盼今后和您有更好的合作。"李嘉诚的话语让那名美国商人很是感激，千恩万谢后，才离开了李嘉诚的办公室，离开了中国。

渐渐地，李嘉诚淡忘了这件事情，员工们也不再为那次的事情抱怨。却不想，一个商人的意外来访让众人感到非常吃惊。

时隔两年，一个美国商人来到李嘉诚的塑胶厂，并带来了一个大订单，一下子让李嘉诚赚了很多。事后，这名商人才说：

"我有一个生意场上的朋友，因为当年公司出了问题，解除了在您这里的订单。他经常和我谈起您，说您是一个非常不错的人，待人仁厚，可以打交道，我这才千里迢迢来到这里。"此时的李嘉诚终于恍然大悟。

男孩应该懂得的道理

"我们交友，并不是要求别人赞同自己的行为，需要的只是理解。"这句话是德国著名诗人海涅的重要名言。他告诉人们，"理解万岁"。一个懂得理解他人的男孩，定能结交很多知心的朋友，在困难的时候，也就能得到他们的帮助。一个懂得宽容他人的男孩，同样也能为自己创造成功的机会。就像李嘉诚一样，虽然当初牺牲了眼前的财富，但没有为损失和他人计较，而是选择了宽容，最后终于获得了更多的认可，更多的财富。

心智成长金钥匙

莎士比亚说过："不要因为你的敌人而燃起一把怒火，烧伤了自己也烧伤了别人。"无论是面对敌人的步步威逼，还是面对对手的强悍有力，哪怕是面对朋友不经意间的一次伤害，我们都要保持平和的心态，用包容化解危机。

宽容是一种美德，是一种人生的大智慧。学会了宽容，便不会被外界乱心；懂得了宽容，便能拥抱美好的人生，便能获得更多成功的机会。就像贝尔奈说的："一个不会宽容他人的人，是不配受到别人的宽容的。"唯有学会了宽容他人的过错，才能在

自身犯错时获得别人的宽容。"将心比心"是我们常说的话语，但能够真正明白其内涵的人寥寥无几。面对他人的错误，面对别人无意间的伤害，我们总会让怒气充满心田，做出一些不理性的事情。

作为新时代的男孩，我们憧憬着美好的未来，遥望着幸福的人生，那么我们就真的能够让人生美满吗？答案是否定的。我们要想人生美满，要想成功永驻，首先就要懂得原谅，学会宽容。在给他人一次改过自新的机会时，也给自己创造了成功的机会。

因此，放下吧，抛开吧，原谅那些令你气愤的人，让曾经的伤痛和伤害沉浸在时间的大海中吧。当我们学会放下，学会宽容的时候，心灵的乌云就会消散，取而代之的是欢声笑语，是鸟语花香，是心灵的展翅飞翔，更是未来的"成功之花"和"幸福之果"。

责人之心责己，恕己之心恕人

在公园里，一个男孩向自己的老师请教问题，谈起世态炎凉，感慨良多："老师，人与人之间的关系太复杂了，不是尔虞我诈，就是虚伪以对，实在是没什么意思。请问这是为什么？我该如何面对社会的现实呢？"老师听罢沉默不语。

正在这时候，树上有鸟儿啼叫的声音，紧接着有几滴鸟粪落下，差一点儿落到男孩的衣服上。对此男孩很生气，站起身，举手指着鸟儿骂道："你这该死的东西，没长眼睛啊。我这可是新衣服。"看到冲动不已的男孩，老师微微笑道："干吗那么生气呢？你在指责它的时候，其实无形间也看低了自己。你现在看你伸出的手，道理就在其中。"

男孩不解地看看自己伸出的手。他也惊异地发现，自己的食指虽然是在指向树上的鸟儿，大拇指指向天空，中指、无名指、小指则很自然地指向自己。但是，小男孩依然不懂其中的诀窍。

看着男孩纳闷的样子，老师解释说："其实，道理很简单，你原本是想指责树上的鸟儿，但是，在你将食指恶狠狠地指着鸟儿的时候，另外3个手指却指向了你。也就是说，一手5个手指，一个在指责鸟儿，3个却在指责你。也就是说假如要指责别人，那么自己首先要承担3倍的责任。"人非圣贤，孰能无过"，我们一定要做到责人先责己，严于律己，宽以待人。这样一来，人世间的人情世故就不再是你看到的那个样子了。"

说到这里，老师抬头看看树上啼叫的鸟儿，接着说："树上的鸟儿是无辜的，因为树本来就是它们的栖息之所，我们要怪就只能怪自己坐错了地方。你又何必为了'人之常情'的事情而如此冲动，'贬低'自己呢？"

男孩应该懂得的道理

卡耐基说："如果批评者在谈话刚开始时就先谦逊地承认自己也不是无可指责的，然后再指出别人的错误，那么情形就会好得多。"当我们指责别人时，如果能够先客观地反省一下自己，我们往往会发现自己也存在相似的问题。正确的做法应该是，在批评指责别人之前，先反省自己，在自己身上找问题，改正它，然后用正确的态度和积极的行动去感染你要批评的人。

心智成长金钥匙

一位哲人说："我们在批评别人的时候，别忘了认真地审视自己。"每个人都有自尊，当你指出别人的错误、对别人进行批评和指责的时候，一般人都会下意识地去维护自己的尊严，从而对你的批评指责采取抵触的态度。如果你在批评之前先反省自己有没有类似的错误，并且谦逊地承认自己也不是无可指责的，然后再指出别人的错误，那么不但有利于对方接受你的批评，更有利于对方改正错误，获得进步和提高。

责人先责己，这是每个人在为人处世中都应具备的品格和态度。那么，怎样做一个责人先责己的男孩呢？

首先，要懂得换位思考，站在别人的角度看待问题。如果一个人只懂得从自身的利益出发看待问题，那么，得出的结论必将是片面的，是不公平的。我们要想全面地认识问题，要想和他人进行良好的交往，就要懂得设身处地为他人着想。

其次，要严格要求自己的一言一行。俗话说"知人易，自知难"，人们往往能够清楚地看到他人的不当之处，往往能很快发现别人的缺点，却很难对自己有一个正确的认识。也正因为这样，我们往往会片面地看待身边的人和事，做出不理性的事情。因此，"严于律己"是结识新朋友的关键，也是培养自身团队意识的关键。

最后，要勇于责己，懂得反省。当错误发生的时候，不要先想着是别人犯了什么错，谁是你的绊脚石。最为理智的办法是在错误面前担起责任，认真反省。从而发现问题所在，总结经验，在经验中不断提升自己，完善自己。

男子汉不应该为小事斤斤计较

圣诞节马上就要来了，麦克和父亲一起出去购买圣诞节需要的东西。其实，麦克之所以愿意和父亲去洛杉矶买东西，最主要是因为他想让父亲给自己买一件新衣服。就这样，麦克和父亲开心地出门了。由于是周末，街上的人很多，车上的人很多。直到下午5点的时候，他们才买齐了圣诞节的礼物，麦克很兴奋地将新衣服穿在身上。收拾好一切后，和父亲又乘车赶回家。

看着窗外的夜景，看着街上熙熙攘攘的人群，麦克体内的文学细胞开始躁动，他不停地在脑中构想诗歌。就在麦克沉浸在美好的灯光中时，一股难闻的气味扑鼻而来。麦克转头一看，是一个脏兮兮的老人，手中拿着一块蛋糕，正在粗鲁地喘气。麦克有些生气，想要离开座位。没想到，司机一个急刹车，老人手中的蛋糕全部掉在了麦克的身上。

顿时，麦克非常气愤地说："你怎么回事啊，没看到车上的人很多吗？你为什么不拿好你手里的东西，这可是我今天刚买的新衣服……"

麦克的谩骂声让整个车厢顿时鸦雀无声，老人慌忙说："对不起，对不起，我不是故意的，由于刹车太急，我才没有拿稳。"

麦克却不依不饶："真不知道你是要去做什么，这么大年纪还来挤车。司机也真是的，怎么开车的啊，看把我的衣服弄成什么样了。司机，我要下车，这里的空气实在太难闻了。"说着，麦克就拉着父亲往车外跑，老人也跟着下车了，他脸上有些尴尬。

任凭麦克不停地抱怨，父亲坐在后座上始终一声不响。直到下车后，父亲才语重心长地说："麦克，你为什么要对老人那样呢？"

"爸爸，你没有闻到吗？那个人身上有一股臭味，而且你看，他还把我的新衣服弄成这个样子。我实在是太生气了，所以才在车上抱怨了一下。"麦克似乎很有理的样子。

麦克的父亲说："孩子，你要记住，你是一个真正的男子汉，不能为这些小事斤斤计较，衣服弄脏了，我们回家洗一下不就好了。再说了，人家是一位老人，你难道连老人也不宽容吗？"

父亲的话让麦克顿时意识到了自己的错误，他惭愧地低下头，用极小的声音说："爸爸，我知道错了。"

从那以后，麦克再也没有因为小事而乱发脾气。即便有不开心的事情，他也会控制自己，管住自己的嘴巴，以免说出伤害他人的话。

男孩应该懂得的道理

男孩是要成大事的，宽阔的胸襟和海纳百川的胸怀对男孩的成功有着举足轻重的作用。如果能对任何人都能多一丝宽容，多一份谅解，我们便能在"宽容"中收获幸福和快乐。男孩要想体现自身"男子气概"，要想在未来的人生中收获更多的快乐，体验生命的真谛，就要坦然地面对生活中的小事。对任何可能影响心情的事情，都要学会"糊涂"，这样才能赢得更多人气，赢得他人的尊重和认可，才能获得更多成功的机会。

心智成长金钥匙

或许年幼的我们无法意识到爱计较所带来的危害，我们总会认为，很多时候，不是我们爱计较，而是别人做得有些过分。然而，就在我们为小事不断计较的过程中，我们的心智已受到了一定的损害，越来越"得理不饶人"。

殊不知，"忍一时风平浪静，退一步海阔天空"，一个处处咄咄逼人的人永远不可能具备坚不可摧的人脉圈，也不可能在需要帮助的时候，依然有不离不弃的朋友在自己的身边。因此，我们要谨记，凡事不要太计较，宽容之心便能够融化冰山。当我们怀揣一颗平常心踏步在变幻莫测的人生中，便能收获更多的惊喜，拥抱更加美好的蓝天白云。当然，男孩要想做到"不计较"，还要有意识地做到以下几点。

学会控制自己

遇到不顺心的事情，看到不顺眼的人，每个人都会有想要抱怨的冲动。如果我们不能控制自己的情绪，不能说服自己做到心如止水，说出很多伤害他人的话，那么，即便是再好的朋友，也可能会离你远去。所以说，当心中的怒火想要爆发的时候，我们要学会控制情绪，对自己说："没有什么大不了的，我是男人，不能去计较那些小事。"

学会换位思考

当看到别人身上的不足和缺点时，首先要做的不是直接地指出他人的不对，而是要以别人为镜子，反省自己是否也有那样的不足。除此之外，就是要学会换位思考。我们可以想象，如果自己身上也有这样的缺点，当别人指责自己时，会是什么样的感受？长此以往，形成了"换位思考"的习惯，形成了"三思而后行"的习惯，我们的人生也就会与众不同，幸福之花将会常开不败。

远离傲慢，不要看不起别人

阿道夫·贝耶尔的一生都在进行有机化学方面的科学研究，

尤其是在有机染料、合成靛蓝等方面，更是取得了卓越的成就，获得了1905年的诺贝尔化学奖。有人说，贝耶尔的成就得益于他的坚持；有人说，贝耶尔的成就来源于他的知识；有人说，贝耶尔的成就归结于他的幸运。然而，贝耶尔自己却说："成功来源于谦虚，傲慢之人永远只能和失败相依为伴。"然而，幼年时期的贝耶尔却是一个非常傲慢的孩子。

那是在贝耶尔10岁生日的时候，贝耶尔和往常一样等待着爸爸妈妈为自己准备生日宴会。却不想，妈妈一大早就带着自己去了外婆家，一待就是一整天。贝耶尔丝毫看不到妈妈要给自己过生日的意思，所以在回去的路上，贝耶尔就故意不理妈妈。看到不说话的贝耶尔，妈妈说："贝耶尔，不是妈妈不给你过生日，我生你时你爸爸已经41岁了，现在他已经年过半百，却还在学习。你应该向你爸爸学习，珍惜时间。虽然你现在还很小，但学习对任何人来讲都很重要，时间更是如此。"

妈妈的话顿时驱散了贝耶尔心头的乌云，他狠狠地点点头表示明白。每每回忆起那件事情，贝耶尔都会非常感动地说："那是我收到的最好的礼物，妈妈让我明白了学习的重要性，爸爸更是用行动告诉我时间的宝贵。"

后来，贝耶尔上了大学，讲授有机化学课的是远近闻名的贾拉古教授，那时候，贾拉古教授只比贝耶尔大了6岁。也正因为这样，贝耶尔丝毫不把贾拉古放在眼里。有一次，在和父亲聊天的过程中，贝耶尔很不屑地说："爸爸，贾拉古只比我大6岁，我看他并没有什么了不起的。"

听贝耶尔这样说，父亲很不满意，转头很严肃地对他说："比你大6岁怎么了？不管怎样他都是教授，是德国著名的有机化学家。我在读地质学时，我还有一个比我小将近30岁的老师呢，那我也得恭恭敬敬地称他为老师，从他身上学习更多东西。贝耶尔，你要知道，年龄和学问不一定成正比，唯有保持谦虚的态度，才能发现他人身上的优点，学习更多知识。"

此时的贝耶尔终于明白了其中的道理，他羞愧地低下了头："我明白了，爸爸，我知道错了。"是的，贝耶尔知道错了，并通过努力不断地弥补身上的缺点。他再也没有看不起任何一个人，而是将谦虚当成了一生的座右铭。

男孩应该懂得的道理

"傲慢高山，不生德水"，如果一个人傲慢无比，不懂得谦虚，那么，他就无法看到自身的不足，也无法看到他人的优点。这样的人，往往只能与成功擦肩而过，与进步更是只能远远地相望。久而久之，他的内心就会空虚，深感自卑，从而不能更好地在未来的人生中奋斗。因此，男孩一定要从小修炼虚怀若谷的胸怀，时刻保持谦虚的态度。这样一来，才能在谦虚中收获内心的充实和快乐，才能在摒弃傲慢后取得更多的知识和智慧。

心智成长金钥匙

"满招损，谦受益"，古往今来的人们用行动和结果证明了这个亘古不变的真理，也给世人留下了最为宝贵的财富：远离傲慢，才能收获成长；懂得谦虚，才能不断进步。

纵观古往今来的诸多成功者，他们无疑都是谦虚之人。因为谦虚，他们得到了众人的尊重和认可；因为谦虚，他们认识到自身的不足，并着重地弥补不足，从而取得了进步；因为谦虚，他们对任何人都能一视同仁。而那些骄傲自大的人最后只能与失败为伴。

身为21世纪的新一代接班人，身为新时代的健儿，要知道，在当今这个纷繁复杂的社会，要想成功，离不开社会各界的帮助，离不开朋友和伙伴的支持。唯有保持低调的态度，唯有摒弃傲慢的态度，才能在需要帮助时得到更多的支持。否则，你将远离社会，远离朋友，最终远离成功。

因此，男孩们，不要为眼下拥有的成就沾沾自喜，也不要因为自身的优点狂妄不已，更不要因为别人的缺点蔑视他人。让我们一起扳倒傲慢的巨石，坦然地面对身边的一切吧。那么，我们应该怎样做，才能更好地"拒绝"傲慢呢?

少说多做，用行动证明一切

人们常说，群众的眼睛是雪亮的，过多的语言只会招致他人的不满，无法赢得别人的认可。所以，"语言是花朵，行动是果实"，无论是面对荣誉，还是地位，我们都要少说多做，用行动搭建荣誉的殿堂。

懂得控制自己，远离浮躁和张扬

有一位著名的哲学家说过："浮躁是骄傲的伙伴，张扬是成功的天敌。"我们要想取得人生的成功，要想将每一件事情做好，首先就要远离浮躁和张扬。浮躁之人无法控制自己的情绪，更没有足够的耐心探究事情的本质。这样的人是很难在创业的道路上取得成功的。因此，我们要懂得修炼，修炼一颗平和之心，修炼一种谦虚的心态。

取人之长，补己之短，不要看不起任何人

"天生我材必有用"的道理人尽皆知。它旨在说明，每个人身上都有自身的优点和缺点，每个人都不是无缘无故地来到世界上的。"取人之长，补己之短"则能让我们在汲取他人经验和优点的同时不断进步，走向成功的彼岸。无论是在生活中，还是学习中，男孩都不要小瞧任何一个人，而是要怀揣谦虚的心态，远离傲慢，把心血和精力放在实实在在的学习中。

第九章

如何培养男孩的责任力

责任心成就男孩一生

　　爱德华是一个非常懂事的孩子，自从父亲因一场车祸离开人世后，他便勇敢地担起了家庭的重担。平日里不仅要为母亲减压，还要尽心照顾年幼的两个妹妹。即使这样，爱德华的母亲很多时候也总是感到力不从心。每当看到妈妈拿着爸爸的照片流眼泪的时候，爱德华非常伤心，并发誓一定要让母亲过上好日子。

　　因此，爱德华在读完高中时便放弃了自己的学业。当母亲劝他要继续上学的时候，爱德华却说："妈妈，我不想上了，我是家里的长子，现在我该撑起这个家了。您看您，自从爸爸离开后，家庭的重担便压在了您一个人的身上，我怎么忍心呢。您放心，我相信，我爱德华就算不上学依然能有好的前途。"看到仅有16岁的儿子这样懂事，爱德华的母亲笑着流下了眼泪。

　　放弃学业的爱德华从小就有一个梦想，那就是拥有属于自己的农家庄园。此时的他，虽然放弃了自己的学业，但却没有放弃梦想，更没有放弃自己。在忙完一天的农活后，他都会挑灯读书，学习很多有关种植方面的知识。

　　母亲总认为爱德华这样在家里实在屈才，也总是试图想让爱德华出去闯闯。但爱德华却说："您的身体不好，妹妹们又年幼，我怎么能将你们抛弃呢。妈，您相信我，我不会荒废自己的青春，更不会耽误自己的前途。"

事实证明，爱德华做到了。在很多人看来，爱德华在过去的5年中一直在种地，和所有农民一样，靠着微薄的收入生活。然而，爱德华却从来没有这样认为，在这5年的时间里，他学习了很多有关种植方面的技术，为自己的大脑丰富很多知识。5年后，他决定将家里的农田承包出去，自己去一家非常大的农场担任技术人员。起初，农场主并不相信年轻的爱德华能够将工作做好。但是，爱德华用实际行动证明了自己的能力，他做到了，并得到了农场主的赏识，决定让他代管整个农场。

就这样，爱德华得到了一个天然的学习场所。他每个月的工资不仅能养活一家人，还能有很大一部分积蓄。当雇主问他为

什么这样认真工作的时候，爱德华似乎也只有一个永远的理由："因为我要养家，要让母亲，让妹妹过上更好的生活。"是的，这是爱德华唯一的目的，也是支撑他永远奋斗的原因。5年后，他有了很大一笔积蓄。于是，他辞去了农场的工作，用自己攒下的钱买下了很大一块地，自己成为农场主。

男孩应该懂得的道理

一分责任，一分奋斗；一分责任，一分行动；一分责任，一分成功。一个有责任心的人，不管在任何时候都不会放弃梦想，放弃自己，也只有这些有责任心、永不放弃的人才能获得更加卓越的成就。男孩似乎一直以来被认为是社会的强者，那么，你是否能真正对自己负责，对家人负责，对梦想负责呢？无论回答是与否，我们要说的是，责任心不是表现在语言上，也不是表现在心里，而是表现在行动上。俗话说，语言是花朵，行动是果实，有了责任心，剩下的便是勇敢地承担责任了。

心智成长金钥匙

何为男人的"男"？有人给出了这样的答案："男"就是顶天立地，富有责任心。古往今来的众多事实表明，只有这样的男人才能称得上是真正的男子汉，也只有这样的男人才能在人生漫长的道路上取得非凡的成就，谱写独特的人生篇章。而一个人的责任感和品行需要从小就开始培养，这样才能更加刻骨铭心，才能深深植入男人的心田。要想做到这一点，不仅需要父母的努力，更需要男孩从小有意识地为未来打好坚实的基础。

然而，现如今的男孩却陷入了一个重大的旋涡，在父母的溺爱中，在家人的娇生惯养中，他们失去了自主性。他们甚至认为，"父母养我是一种责任，我自身年纪小，什么都不用想，父母会帮我安排好一切的"。其实，这样的想法是非常错误的，父母给了我们生命，但却不能给予我们人生。他们养我们是一种责任，但这并不代表年幼的我们没有责任。只是因为年纪小或者其他原因，我们暂时没有承担责任的能力。但是，在未来的某一天，在人生的道路上，我们需要承担很多责任。如果从小就不懂得责任心的重要性，做任何事情仅仅考虑自己的利弊得失，那么，便永远不能踏入成功的大门，更不可能坐上成功的宝座。

勇于承担是"长大"的标志

罗纳德·里根小时候是一个非常调皮的孩子，喜欢运动。11岁时，里根有一次和小伙伴们一起踢球，他不小心将球踢到了邻居家的玻璃上，玻璃顿时便碎了。所有小伙伴都吓得落荒而逃，里根却呆呆地站在那里，嘴巴呈现"O"型。他似乎还沉醉在玻璃碎掉的刹那。当邻居跑出来问是怎么回事的时候，里根这才缓过神来，慌忙道歉："对不起，对不起，我不是故意的，我在这里踢球，不小心就……"还没等里根说完，邻居就打断他的话："你一个人踢什么球。"邻居看上去非常生气，向小里根索要12美元的赔偿费。

那时候的里根只有11岁，12美元对他来讲就是天文数字。无奈之下，他找到了父亲，坦白了自己的错误，并希望爸爸能帮助自己。

然而，里根万万没有想到爸爸会说："祸是你闯的，赔偿费自然也需要你自己承担，我可不会给你12美元。"

听爸爸这样说，里根有些失望，他实在不知道该怎么办了。就在里根没精打采地想要转身离去时，里根的爸爸说："我不能给你12美元，但我可以借给你12美元。但是，你要记住，这些钱你在一年之内必须一分不少地还给我。"听爸爸说肯借给自己钱，里根非常高兴，他很快便将12美元给了邻居。

这件事情过后，里根便开始想着如何在一年内将12美元还给父亲。思来想去后，他选择了打工。虽然自己年纪还小，但也还是能做一些力所能及的"工作"。很快，里根在半年时间内，就将12美元还给了父亲。

有人曾经说，里根的父亲有些不近人情，连12美元还要让里根还。但是，里根自己却说："我起初也认为父亲有些'无情'，但是，当我将12美元还给父亲的时候，我明白了一个非常深刻的道理，勇于承担责任能让一个人快速成长。也正是父亲设下的让我'通过劳动承担过失'的圈套，让我明白了什么是责任。"

的确，里根在11岁时就明白了责任的重要性。在之后的人生道路上，里根更是在责任的驱动下不断前进。后来，通过自己的努力，借助自身的责任感，里根成为美国总统，担负起了管理整个国家的责任。

男孩应该懂得的道理

有人曾经说过："每个人都被生命询问，而他只有用自己的生命才能回答此问题；只有以'负责'来答复生命。因此，'能够负责'是人类存在最重要的本质。"勇于承担责任是长大的标志，一个不能承担责任、逃避责任的人永远无法在人生道路上展现自我价值，更不可能在"幼稚"的世界里找寻到人生前进的方向。男孩们要想成长，要想获得更多成功，首先就要让自己更加"成熟"，而负责就是成熟的前提。

心智成长金钥匙

很多人在经历了人生苦难后，都会发出"我不想，我不想，不想长大"的呼喊，甚至哀怨人生苦短，世事难料。其实，这些人的行为就是逃避责任的表现。他们之所以发出"不想长大"的呼声，就是因为他们无法承担生命之重，他们实际上还没有长大。这样的人很容易就会选择放弃，将自己归入失败者的行列。

一个真正成熟的人定然是一个永不服输、勇于承担的人。相信每个男孩都曾经做过"快快长大"的梦，都希望能够在漫长的人生中创造自己的价值。

首先，面对失败，不要灰心，检讨自己，重整旗鼓。没有一个人的一生是一帆风顺的，也没有一个人的一生是平淡的。我们要想在人生的惊涛骇浪中乘风破浪，要想让自己的人生更加成功，就要坦然地接受失败。失败并不可怕，可怕的是逃避失败，逃避失败后应该承担的责任。

其次，永保自信，直面人生。林肯说过，"每一个人都应该有这样的信心：人所能负的责任，我必能负；人所不能负的责任，我亦能负。如此，你才能磨炼自己，求得更高的知识而进入更高的境界"。当胆怯占据一个人的心灵时，他便会显得懦弱无比，逃避责任、害怕失败更是常有的表现。这样的人，永远不可能站在时代的巅峰，看到人生的美丽风景。

最后，自己的事情自己做。现如今的很多孩子都有依赖感，总想着所有事情都有父母安排，即便是挫折和困难，父母也能帮助自己解决。却不想，在父母的溺爱中，我们会成为永远长不大的孩子，不能承担任何责任，更是做不成任何事情。因此，我们从小就要形成独立自主的能力，自发地去做一些力所能及的事情。久而久之，我们就能懂得责任的重要性，敢于承担更多责任。

学会奉献，是承担责任的开始

2003年3月15日，一个年幼的身影出现在中央电视台的《实话实说》节目中。在节目即将结束时，他说："我一定要为能够获得干净的水源努力地工作，直到和我爸爸那个年纪一样也不会停止。"这番话迎来了观众雷鸣般的掌声。他就是加拿大男孩瑞恩，他用实际行动证明了自己的价值，用柔弱的身躯担负起了重大的责任。

1998年的瑞恩只有6岁，那时候的他便有了让非洲难民喝上干净水的心愿：当瑞恩得知非洲人因为无法喝上水而生命垂危时，他决定帮助那些孩子。

之后，小瑞恩通过自己的努力，小小年纪便学着做一些事情来赚钱，几个月后，瑞恩便攒了70加元。他兴奋地来到了募捐现场，将钱交给负责人说："这些钱你们拿去，为非洲人挖一口井吧。"当负责人看到年幼的瑞恩拿着70加元时笑了笑："孩子，这些钱只够买一个水泵，要想挖一口井至少需要700加元。"这个数字对6岁的瑞恩来说是一个天文数字，但瑞恩始终没有放弃，依然决心攒钱买钻井机，为非洲难民挖井。

当瑞恩的老师知道他的梦想时，简直不敢相信，但他依然被瑞恩的决心所打动。他号召全班同学加入了为非洲捐钱打井的行列，还通过各种渠道让瑞恩和非洲那些生活在苦难中的孩子取得了联系。

在这期间，瑞恩一直在攒钱。虽然自己攒的钱不多，但他的行为和心意却加大了"干净的水"的募捐规模。终于，在2000年7月，瑞恩的第一口井打好了。他和父母坐车来到了当地，当时有5000多名黑黝黝的孩子站在两旁，嘴里不停地喊着"瑞恩，瑞恩……"当年幼的瑞恩从车上下来时，他有些羞涩，非常不好意思地享受着所有人的欢迎。在人群的拥挤下，瑞恩来到了一口井的旁边，"瑞恩的井——为了这个痛苦的社会"几个大字映入眼帘。

正当瑞恩不知如何作答的时候，人群中有一位老人站起来说："看看我们这里的所有孩子，他们都是健康的，这一切都要归功于年少的瑞恩和加拿大所有热心的朋友。是你们拯救了我们，挽留住了我们所有人的生命。"说着说着，老人哭了，瑞恩的眼睛也湿润了，不是激动，而是为非洲难民能够喝上干净的水而感到高兴。

其实，瑞恩当初所做的只是一个非常小的举动。之所以能够取得如此神效，主要是人们被年幼的瑞恩打动了，是瑞恩的责任心唤醒了人们，投入到拯救他人的队伍中。现在，我们无法预知未来的瑞恩是怎么样的一个人，但是，有一点可以肯定，他一定是一个懂得奉献的人，勇于承担责任的人。

男孩应该懂得的道理

麦克唐纳是美国品德教育联合会的主席，他说过："能力不足，责任可以弥补。责任不足，能力却永远不能弥补。要知道能力有限，责任无限。"而要想承担起应负的责任，首先要学会奉献。懂得奉献，才能学会关心；懂得奉献，才能摆脱自私；懂得奉献，才能赢得尊重……总而言之，奉献是承担责任的开始，一个不懂得奉献的人，永远无法担负起责任，更不要说创造更加辉煌的人生了。

心智成长金钥匙

一位文学家说过："我们的使命是照亮整个世界，融化史上的黑暗，找到自己和世界之间的一种和谐，建立自己内心的和谐。"它告诉人们，使命是一种责任，这种责任就是建立起世界的和谐、内心的和谐。

就像故事中的瑞恩一样，他所追求的便是一种和谐，并在这种追求中，体现了他较强的责任心。同时也证明了一点，或许我们年幼，没有太大的能力，但是，我们可以具备一种奉献的精神，唤起更多人的责任意识。这样一来，同样能够让世界达到和谐，让内心达到和谐。

奉献是承担责任的开始：边疆战士奉献时间和家庭的幸福，承担起了保卫国家的责任；教师奉献了青春和知识，承担起了培养栋梁的责任；人民警察牺牲了生命的安全，承担起了保护市民的责任……那么，现在的你，是否也能意识到自身的责任，做出一些奉献呢？你是否做到了对自己负责，对父母负责，对集体负责？

对自己、对家人负责

家庭就像一个小的集体，需要所有成员去共同维护，在这个集体中，需要良好的品德、心态……去维护家庭的完好便是一种责任，我们要懂得承担起这个责任，从学习、品行等各个方面严格要求自己。比如认真学习，完成每天的学习任务；帮助妈妈做力所能及的事情……

对集体负责

这里所说的集体所指的范围比较广，它可以是一个班级里面的小组，可以是整个班级的学员，可以是全校的师生，抑或可以是你工作中的团队，也可以是整个公司的阵容。身为其中的一员，我们同样也要学会奉献，尽全力维护集体的完整性。始终以大局为重，站在集体的角度看待所有问题。久而久之，无论在学习上，还是在未来的工作中，你的潜意识都会让你去承担责任，让你的生活和未来的工作越变越好。

要想赢得尊重，就必须承担起责任

作为美国第一任总统，华盛顿从不忘记人民的寄托，时刻关心着美国民众，带领美国走上了一个更高的台阶。然而，就是这样一位看上去威严高大的总统，却有着不一般的童年。

华盛顿小的时候是一个非常调皮的孩子。有一次，父亲从外地回来，给他带回来一把崭新的小斧头。拿到斧头后的华盛顿非常兴奋，真想找个地方小试牛刀，看看小斧头是否锋利。他想，"父亲以前曾经用一把大的斧头将一棵树砍倒，我的小斧头是否也能将大树砍倒呢？"华盛顿决定试一下。

华盛顿看到院子里有一棵樱桃树，在微风中，那棵樱桃树显得摇摇欲坠，好像在召唤华盛顿："来吧，来吧，我已经是风烛残年，我愿用我的身体作为你的试验品，看看你的小斧头是否锋利。"年幼的华盛顿高兴地走到树前，嘴里面还嘀嘀咕咕地说了一番话，然后便开始在樱桃树上乱砍。果然，在华盛顿一下两下的挥舞斧头下，樱桃树很快就倒在了地上。看着躺在地上的樱桃树，华盛顿高兴地说："爸爸对我真好，送我这样一把锋利的斧头，居然都能将大树砍断。"

然而，兴奋的华盛顿却忘记了，这棵樱桃树是父亲最喜爱的，他或许即将面临一场残酷的训斥。不一会儿，父亲回来了，看到了倒在地上的樱桃树，很是气愤，就将全家人叫到一起："你们说，我的樱桃树是谁砍的？"全家人都纷纷摇头表示不知道。

此时的华盛顿终于意识到自己闯了大祸。他原本也想摇头表示否定，但是转念一想："父亲平日教导我要诚实。我不能逃避自己犯下的错误。"于是，小华盛顿勇敢地走到父亲身边："爸爸，树是我砍的，我只是想试一下斧头是否锋利。我知道我错了，您惩罚我吧。"

华盛顿敢于承担错误的勇气打消了父亲心中的怒火，他不仅没有责怪华盛顿，还兴奋地将儿子抱起来，左亲右亲："好儿子，我很高兴你能这样诚实，敢于承担错误带来的责任。爸爸不会责怪你的，但是以后不能这样乱砍树了。"华盛顿点头表示肯定。

从此以后，华盛顿明白了责任的重要性。父亲的宽容和尊重让他明白了："要想赢得别人的尊重，要想弥补自身犯下的错误，首先就要勇敢地承认错误，承担责任。"

男孩应该懂得的道理

人们常说，要想得到别人的尊重，首先就要学会尊重他人。尊重别人很大意义上就是承担责任的一种表现，别人尊重自己更需要承担责任才能完成。没有尊重的世界是不完美的，没有责任的尊重更是不和谐的。男孩一定要从小学会承担责任，自己的事情自己做，自己犯下的错误自己承担。这样一来，才能赢得更多的尊重，才能在未来的人生道路上，遇到更多的贵人，获得更大的成功。

心智成长金钥匙

争强好胜一直以来都是男孩的天性，面子对他们来讲，尤为重要。也正因为如此，很多人忽视了对别人的尊重，忘记了换位思考。殊不知，不懂得尊重别人，自己也不会得到他人的尊重。

所以说，尊重他人是获取尊重的前提，而尊重他人首先要做的便是承担起自己的责任。生活中，我们需要承担的责任很多，有对自己的责任，有对家人的责任，有对工作的责任。简而言之，我们时时刻刻都生活在一个团体中，其间定然就会有两个或两个以上的成员。当我们真正做到对家庭、对集体负责的时候，自然也能无形间学会如何尊重别人，从而也能获得他人的尊重。

雨果的《笑面人》中有这样一句话："我们的地位向上升，我们的责任就加重。升得越高，责任越重。权利的扩大是责任加重。"的确，一个人的地位越高，他的责任也就越大，但这并不代表他们能够获得他人的尊重。面对权利附加给自己的责任，唯有勇敢地承担，扛得起，才能实现自己的价值，才能真正意义上获得他人的尊重。

每一个男孩都想让自己的人生走上坡路，都想在未来的人生中实现自我的人生价值，获得他人的尊重。那么，从现在起，学会承担起自己的责任吧。如果你是一名学生，那么，好好学习便是你的责任；如果你身为人子，那么，关心父母，便是你的责任……

承担责任要从小培养，唯有当责任成为一种习惯的时候，责任意识才能进入人的潜意识。当需要承担责任的时候，潜意识便会指引你义不容辞地、自然而然地勇敢站出来，扛起责任。

没有任何借口

一个男孩，刚出生不久父亲就去世了。男孩的母亲非常要强，她每天都勤勤恳恳地工作，后来成为一名非常了不起的实业家。

为了让男孩日后有出息，母亲把他送到了一所最好的大学去学习。但是，由于男孩非常贪玩，成绩很不理想。每次谈到自己的学习时，男孩都非常不满地说："我小时候妈妈每天都忙着工作，根本没有辅导过我，如果她那时候也像别的妈妈那样辅导我的话，我的成绩肯定会非常好！"

这位男孩学习成绩不好，其实只能怪他自己不好好学习，但是他把责任推到了母亲身上，这其实是一种缺乏责任心的表现。一个有责任心的孩子，是绝对不会把属于自己的责任推给别人的，他会认认真真履行属于自己的责任，不找任何借口。

沃尔玛超市要招聘一名收银员，经过几轮筛选，最后只剩下3个男孩有机会参加复试。复试由老板亲自进行，第一个男孩刚走进老板办公室，老板便丢给他一张百元钞票，并命令他到楼下买包香烟。这个男孩心想，自己还没有被正式录用，老板就颐指气使地命令自己做事，因而心里感到很不满。因此，对于老板丢过来的钱，他看都没看一眼，便怒气冲冲地掉头离开了。

第二个男孩进来以后，也遇到了相同的情况，只见他微笑着接过钱，但是并没有用它去买烟，因为钞票是假的。由于他已经待业了好长时间，急需一份工作，只好无奈地掏出自己的100元真钞，为老板买了一包烟，还把找回来的钱全部交给了老板。不过，如此尽职卖力，并且甘愿自己吃哑巴亏的第二位面试者，却没有被老板录用。因为老板决定录用第三个面试的男孩。原来，第三个男孩一接到钱，就发现钱是假的，他微笑着把假钞还给老板，并请老板重新换一张。老板开心地接过假钞，并立即与他签订录用合约，放心地将收银工作交给了他。

3个面试的男孩表现出了三种截然不同的应对方式。第三个男孩成功了，因为在这件事上他充分表现出了自己的责任心，认真而正确地履行了属于自己的责任。如果你也同样具有这样的责任心，那么你同样可以获得和这个男孩一样的成功。

男孩应该懂得的道理

英国作家维克多·弗兰克说过："每个人都被生命询问,而他只有用自己的生命才能回答此问题；只有以'负责'来答复生命。因此，'能够负责'是人类存在最重要的本质。"富有责任心的孩子通常具有开拓和主动精神，他们绝不会在没有做出任何努力的情况下就找理由敷衍塞责。他们会想尽一切办法完成属于自己的任务。条件不具备时，他们会主动创造条件；人手不够时，他们会主动多做一些，多付出一些时间和精力。

心智成长金钥匙

责任心是指由心底发出的一种自觉自愿的心态。它是一种态度和精神，这种态度和精神可以使你变得无可替代，极大地提高你的成功率和价值。

一个男孩进入成熟期的标志就是开始变得勇于承担责任，认真履行属于自己的职责。一个成熟的男孩，绝对不会怨天尤人、推三阻四，他们会直面自己的人生，勇于承担属于自己的责任。如果你也渴望自己迅速成熟起来，那么就要学会负起自己的责任，并且不再寻找任何借口。

那么，男孩怎样做才算是负起了自己的责任呢？

责任心不是简简单单地听话，更不是机械地照本宣科，而是要最大限度地发挥自己的主观能动性，积极开动脑筋去思考，把别人认为不可能的事变为可能，把别人不敢想的事变为现实。

责任心不仅体现在一些大是大非上，更体现在对细节的追求上。一件事、一句话，往往因为责任心的缺失，造成不可估量的损失。因此，你要以主人翁的心态去做好每一件事、每一个细节。

责任心要求你站在更高的角度去延伸你的责任心，说白了，就是让你去"多管闲事"。现实生活中，很多人往往"事不关己，高高挂起"，各扫门前雪，这其实是一种极度缺乏责任心的表现。能否以大局为重，在做好自己事情的同时多管一些"不属于自己的闲事"，是衡量一个人是否有责任心的最重要的标准。